개념을 다지고
실력을 키우는

왕수학

기본편

KB212710

대한민국 수학학력평가의 새로운 기준!!

KMA
한국수학학력평가

| **시험일자** 상반기 | 매년 6월 셋째주
           하반기 | 매년 11월 셋째주

| **응시대상** 초등 1년 ~ 중등 3년 (미취학생 및 상급학년 응시 가능)

| **응시방법** KMA 홈페이지 접수 또는 각 지역별 학원접수처 방문 접수

성적우수자 특전 및 시상 내역 등 기타 자세한 사항은 KMA 홈페이지를 참조하세요.

홈페이지 바로가기
(www.kma-e.com)

▶ 본 평가는 100% 오프라인 평가입니다.

주최 | 한국수학학력평가연구원   주관 | (주)에듀왕

개념을 다지고
실력을 키우는

왕수학

기본편

4-1

왕수학의 특징

1. 왕수학 개념+연산 → 왕수학 기본 → 왕수학 실력 → 점프 왕수학 최상위 순으로
단계별·난이도별 학습이 가능합니다.

2. 개정교육과정 100% 반영하였습니다.

3. 기본 개념 정리와 개념을 익히는 기본문제를 수록하였습니다.

4. 문제 해결력을 키우는 다양한 창의사고력 문제를 수록하였습니다.

5. 논리력 향상을 위한 서술형 문제를 강화하였습니다.

STEP 1

개념 탄탄

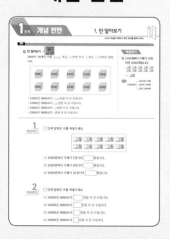

교과서 개념과 원리를 각각의
주제로 익히고 개념확인 문제를
풀어 보면서 개념을 정확히 이해
합니다.

STEP 2

핵심 쏙쏙

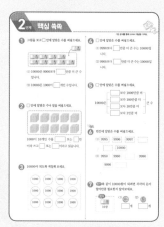

기본 개념을 익힌 후
교과서와 익힘책 수준의
문제를 풀어 보면서
개념을 다집니다.

STEP 3

유형 콕콕

시험에 나올 수 있는
문제를 유형별로 풀어
보면서 문제 해결력을
키웁니다.

STEP 4

실력 팍팍

유형 콕콕 문제보다 좀 더
높은 수준의 문제를 풀며
실력을 키웁니다.

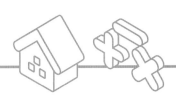

왕수학
실력

STEP 8

생활 속의 수학

생활 주변의 현상이나 동화 등을
통해 자연스럽게 수학적 개념과
원리를 찾고 터득합니다.

STEP 7

탐구 수학

단원의 주제와 관련된 탐구
활동과 문제 해결력을 기르는
문제를 제시하여 학습한 내용
을 좀 더 다양하고 깊게 생각해
볼 수 있게 합니다.

STEP 6

단원 평가

단원 평가를 통해 자신의
실력을 최종 점검합니다.

STEP 5

서술 유형 익히기

서술형 문제를 주어진 풀이
과정을 완성하여 해결하고
유사 문제를 통해 스스로 연습
합니다.

차례 | Contents

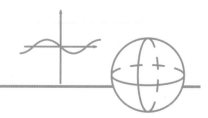

단원 **1** 큰 수

교과서 개념을 이해하고 확인 문제를 통해 익혀요.

⟳ 만 알아보기

1000이 10개인 수를 10000 또는 1만이라 쓰고 만 또는 일만이라고 읽습니다.

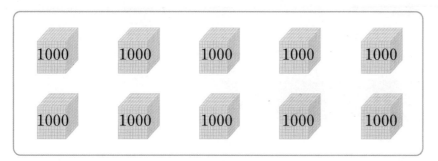

· 10000은 9000보다 1000만큼 더 큰 수입니다.
· 10000은 9900보다 100만큼 더 큰 수입니다.
· 10000은 9990보다 10만큼 더 큰 수입니다.
· 10000은 9999보다 1만큼 더 큰 수입니다.

개념잡기

⟳ 1000원짜리 지폐가 10장이면 10000원입니다.

(보충)

10000은
— 1000의 10배
— 100의 100배
— 10의 1000배

개념확인 1 □ 안에 알맞은 수를 써넣으세요.

(1) 1000원짜리 지폐가 5장이면 [   ]원입니다.

(2) 1000원짜리 지폐가 9장이면 [   ]원입니다.

(3) 1000원짜리 지폐가 10장이면 [   ]원입니다.

개념확인 2 □ 안에 알맞은 수를 써넣으세요.

(1) 10000은 9000보다 [   ]만큼 더 큰 수입니다.

(2) 10000은 9900보다 [   ]만큼 더 큰 수입니다.

(3) 10000은 9990보다 [   ]만큼 더 큰 수입니다.

(4) 10000은 9999보다 [   ]만큼 더 큰 수입니다.

기본 문제를 통해 교과서 개념을 다져요.

1 그림을 보고 □ 안에 알맞은 수를 써넣으세요.

(1) 10000은 9000보다 □ 만큼 더 큰 수 입니다.

(2) 10000은 1000이 □ 개인 수입니다.

2 □ 안에 알맞은 수나 말을 써넣으세요.

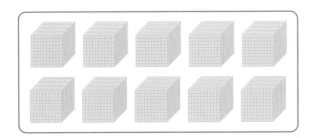

1000이 10개인 수를 □ 또는 □ 만 이라 쓰고 □ 또는 □ 이라고 읽습니다.

3 10000이 되도록 색칠해 보세요.

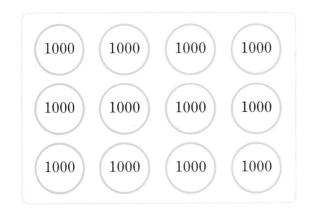

4 □ 안에 알맞은 수를 써넣으세요.

(1) 9990보다 □ 만큼 더 큰 수는 10000입 니다.

(2) 9900보다 □ 만큼 더 큰 수는 10000입 니다.

5 □ 안에 알맞은 수를 써넣으세요.

10000은

| □ 보다 1000만큼 더 |
| □ 보다 100만큼 더 |
| □ 보다 10만큼 더 |
| □ 보다 1만큼 더 |

큰 수

★중요

6 빈칸에 알맞은 수를 써넣으세요.

(1) 9995 9996 9997 □
□ 10000

(2) 9950 9960 □ 9980
9990 □

7 보기 와 같이 10000원이 되려면 각각의 돈이 얼마만큼 필요한지 알아보세요.

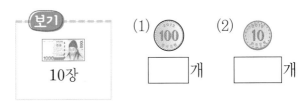

보기
10장

(1) 100 □ 개
(2) 10 □ 개

교과서 개념을 이해하고 확인 문제를 통해 익혀요.

⊙ 다섯 자리 수 알아보기

10000이 4개, 1000이 3개, 100이 7개, 10이 6개, 1이 5개인 수를 43765 라 쓰고 사만 삼천칠백육십오라고 읽습니다.

⊙ 다섯 자리 수의 자릿값 알아보기

	만의 자리	천의 자리	백의 자리	십의 자리	일의 자리
자리 숫자 →	4	3	7	6	5
나타내는 값 →	4	0	0	0	0
		3	0	0	0
			7	0	0
				6	0
					5

$$43765 = 40000 + 3000 + 700 + 60 + 5$$

개념잡기

⊙ **몇만 알아보기**

10000이 1개이면
10000, 10000이 2개
이면 20000, …입니다.
➡ 10000이 ■개이면
■0000입니다.

(보충) 자리의 숫자가 0일 때에는 그 자리의 숫자와 자릿값은 읽지 않습니다.
12035 ➡ 만 이천삼십오(○),
만 이천영백삼십오(×)

개념확인 1

수로 나타내려고 합니다. □ 안에 알맞은 수를 써넣으세요.

> 10000이 6개, 1000이 5개, 100이 4개, 10이 9개, 1이 7개인 수

(1) 10000이 6개인 수는 □ , 1000이 5개인 수는 □ 입니다.

(2) 100이 4개인 수는 □ , 10이 9개인 수는 □ , 1이 7개인 수는 □ 입니다.

(3) 10000이 6개, 1000이 5개, 100이 4개, 10이 9개, 1이 7개인 수는 □ 입니다.

개념확인 2

38576에서 숫자 3, 8, 5, 7, 6은 각각 얼마를 나타내는지 빈칸에 알맞은 수를 써넣으세요.

	만의 자리	천의 자리	백의 자리	십의 자리	일의 자리
숫자	3	8	5	7	6
나타내는 값	30000	8000			

기본 문제를 통해 교과서 개념을 다져요.

단원
1

1 □ 안에 알맞은 수를 써넣으세요.

10000이 5개 ─┐
1000이 2개 ─┤
100이 9개 ─┤ 인 수는 □
10이 7개 ─┤
1이 4개 ─┘

2 □ 안에 알맞은 수나 말을 써넣으세요.

10000이 7개, 1000이 0개, 100이 3개, 10이 8개, 1이 1개인 수를 □ 이라 쓰고 □ 이라고 읽습니다.

3 수를 읽어 보세요.

(1) 54000
➡ ( )

(2) 85467
➡ ( )

(3) 70004
➡ ( )

4 수로 나타내 보세요.

(1) 삼만 오천이백사십칠
➡ ( )

(2) 오만 육천
➡ ( )

(3) 팔만 구백팔
➡ ( )

5 빈칸에 알맞은 수를 써넣으세요.

10000이 4개, 1000이 9개, 100이 7개, 10이 5개, 1이 8개인 수

만의 자리	천의 자리	백의 자리	십의 자리	일의 자리
4			5	

6 □ 안에 알맞은 수를 써넣으세요.

만의 자리	천의 자리	백의 자리	십의 자리	일의 자리
3	6	5	2	7

$36527 = 30000 + \boxed{} + 500$
$+ \boxed{} + 7$

7 보기 와 같이 각 자리 숫자가 나타내는 값의 합으로 나타내 보세요.

보기
$41275 = 40000 + 1000 + 200 + 70 + 5$

$54389 = \boxed{} + \boxed{} + \boxed{}$
$+ \boxed{} + \boxed{}$

8 돈이 얼마인지 세어 보세요.

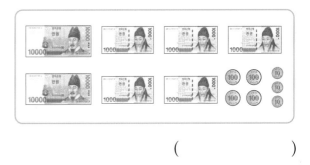

( )

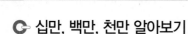

1단계 개념 탄탄

3. 십만, 백만, 천만 알아보기

교과서 개념을 이해하고 확인 문제를 통해 익혀요.

십만, 백만, 천만 알아보기

			쓰기		읽기
	10개이면 ➡	100000	10만		십만
10000이	100개이면 ➡	1000000	100만		백만
	1000개이면 ➡	10000000	1000만		천만

10000이 3574개이면 35740000 또는 3574만이라 쓰고 삼천오백칠십사만이라고 읽습니다.

천만 단위까지의 자릿값 알아보기

3	5	7	4	0	0	0	0
천	백	십	일	천	백	십	일
			만				

⬇

3	0	0	0	0	0	0	0
	5	0	0	0	0	0	0
		7	0	0	0	0	0
			4	0	0	0	0

$$35740000 = 30000000 + 5000000 + 700000 + 40000$$

개념잡기

만 ⟩10배
십만 ⟩10배
백만 ⟩10배
천만

수를 읽을 때 뒤에서부터 네 자리씩 끊은 다음 차례로 숫자와 자릿값을 읽습니다.

35747925
만   일
➡ 3574만 7925
➡ 삼천오백칠십사만 칠천구백이십오

---

1 개념확인

□ 안에 알맞게 써넣으세요.

(1) 만이 10개이면 [   ] 또는 [ ]만이라 쓰고 [ ]이라고 읽습니다.

(2) 만이 100개이면 [   ] 또는 [ ]만이라 쓰고 [ ]이라고 읽습니다.

(3) 만이 1000개이면 [   ] 또는 [ ]만이라 쓰고 [ ]이라고 읽습니다.

2 개념확인

52840000에서 숫자 5, 2, 8, 4는 각각 얼마를 나타내는지 빈칸에 알맞은 수를 써넣으세요.

	천만의 자리	백만의 자리	십만의 자리	만의 자리
숫자	5	2	8	4
나타내는 값	50000000	2000000		

기본 문제를 통해 교과서 개념을 다져요.

1 같은 수끼리 선으로 이어 보세요.

10000이 10개인 수	•	•	1000만
10000이 100개인 수	•	•	100만
10000이 1000개인 수	•	•	10만

2 수를 읽어 보세요.

(1) 620000

➡ (   )

(2) 4257396

➡ (   )

(3) 10011574

➡ (   )

3 [보기]와 같이 수로 나타내 보세요.

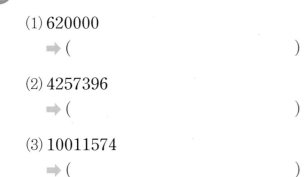

[보기]

사백오십이만 육천삼백칠
➡ 452만 6307
➡ 4526307

(1) 십육만 오천구백칠십칠

➡ _____

➡ _____

(2) 구천이십팔만 삼십오

➡ _____

➡ _____

4 □ 안에 알맞은 수나 말을 써넣으세요.

43679851

만이 □ 개, 일이 □ 개인 수이고

이것을 □ 이라고

읽습니다.

5 □ 안에 알맞은 수를 써넣고 그 수를 읽어 보세요.

만이 367개
일이 3456개 ⎤ 이면 □

➡ _____

6 숫자 7이 나타내는 값을 써넣으세요.

㉠ 67240000   ㉡ 18570000

	나타내는 값
㉠	
㉡	

7 ⭐중요 밑줄 친 숫자가 나타내는 값은 얼마인지 써 보세요.

(1) 3524019

➡ (   )

(2) 18300924

➡ (   )

유형 **1**   만 알아보기

1000이 10개인 수 → ┌ 쓰기: 10000 또는 1만
                    └ 읽기: 만 또는 일만

1-1 □ 안에 알맞은 수를 써넣으세요.

1000이 □ 개인 수는 10000입니다.

1-2 □ 안에 알맞은 수를 써넣으세요.

(1) 10000은 9000보다 □ 만큼 더 큰 수입니다.

(2) □ 은 9900보다 100만큼 더 큰 수입니다.

◀ 대표유형

1-3 □ 안에 알맞은 수를 써넣으세요.

                ┌ 6000보다 □ 만큼 더 ┐
10000은 ─ □ 보다 2000만큼 더 ─ 큰 수
                └ 9500보다 □ 만큼 더 ┘

1-4 10000은 1000의 몇 배인지 구해 보세요.

(   )

Tip 10000은 10의 1000배, 100의 100배입니다.

1-5 나타내는 수가 나머지와 다른 하나를 찾아 기호를 써 보세요.

ㄱ 1000이 10개인 수
ㄴ 10의 1000배
ㄷ 1000보다 10만큼 더 큰 수

(   )

1-6 그림을 보고 □ 안에 알맞은 수를 써넣으세요.

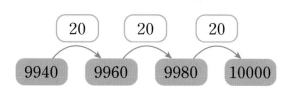

(1) 9980보다 □ 만큼 더 큰 수는 10000입니다.

(2) 9940보다 60만큼 더 큰 수는 □ 입니다.

1-7 구슬이 10000개 있습니다. 한 개의 상자에 100개씩 담으려면 몇 개의 상자가 필요한지 구해 보세요.

(   )

1-8 동민이는 10000원짜리 인형을 사려고 합니다. 1000원짜리 지폐 몇 장을 내야 하는지 구해 보세요.

(   )

유형 2 다섯 자리 수 알아보기

10000이 5개, 1000이 7개, 100이 3개, 10이 2개, 1이 9개인 수를 57329라 쓰고 오만 칠천삼백이십 구라고 읽습니다.

만의 자리	천의 자리	백의 자리	십의 자리	일의 자리
5	7	3	2	9

➡ 57329＝50000＋7000＋300＋20＋9

2-1 빈칸에 알맞은 수나 말을 써넣으세요.

쓰기	읽기
25446	
90087	
	만 칠천오백구

2-2 수를 쓰고 읽어 보세요.

> 10000이 7개, 1000이 4개, 100 이 0개, 10이 1개, 1이 9개인 수

쓰기 (　　　　　　　　)
읽기 (　　　　　　　　)

2-3 □ 안에 알맞은 수를 써넣으세요.

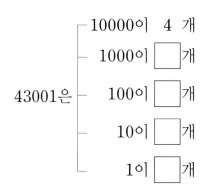

43001은
- 10000이　4　개
- 1000이 □ 개
- 100이 □ 개
- 10이 □ 개
- 1이 □ 개

2-4 □ 안에 알맞은 수를 써넣으세요.

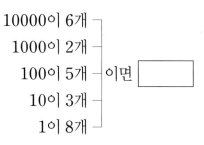

10000이 6개
1000이 2개
100이 5개 ─ 이면 □
10이 3개
1이 8개

🚨 잘 틀려요

2-5 53027의 각 자리 숫자와 그 숫자가 나타내는 값을 알아보세요.

	만의 자리	천의 자리	백의 자리	십의 자리	일의 자리
숫자	5	3			
나타내는 값	50000				

👑 수를 보고 물음에 답해 보세요. [2-6~2-7]

> 23871　17395　84703　30127

2-6 숫자 3이 나타내는 값이 가장 큰 수를 찾아 써 보세요.

(　　　　　　　　)

2-7 백의 자리 숫자가 7인 수를 찾아 써 보세요.

(　　　　　　　　)

대표유형

2-8 보기와 같이 각 자리 숫자가 나타내는 값의 합으로 나타내 보세요.

보기

$$56379 = 50000 + 6000 + 300 + 70 + 9$$

(1) $38124 = \boxed{} + \boxed{} + \boxed{}$
$+ \boxed{} + \boxed{}$

(2) $87035 = \boxed{} + \boxed{} + \boxed{}$
$+ \boxed{}$

2-9 색종이가 10000장씩 4상자, 1000장씩 9상자, 100장씩 5묶음 있습니다. 색종이는 모두 몇 장인지 구해 보세요.

( )

2-10 숫자 카드를 모두 사용하여 가장 큰 다섯 자리 수를 만들어 쓰고 읽어 보세요.

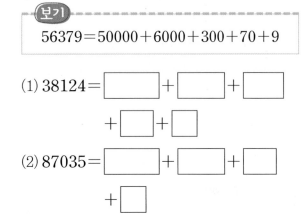

```
2   4   5   7   9
```

쓰기 ( )

읽기 ( )

2-11 0부터 4까지의 숫자를 모두 사용하여 다섯 자리 수를 만들려고 합니다. 만들 수 있는 다섯 자리 수 중 천의 자리 숫자가 2인 가장 작은 수를 구해 보세요.

( )

유형 3 십만, 백만, 천만

수	쓰기	읽기
만이 10개인 수	100000 /10만	십만
만이 100개인 수	1000000 /100만	백만
만이 1000개인 수	10000000/1000만	천만

3-1 ☐ 안에 알맞은 수나 말을 써넣으세요.

10000이 ☐ 개이면 100000 또는 ☐ 만이라 쓰고 ☐ 이라고 읽습니다.

3-2 관계있는 것끼리 선으로 이어 보세요.

| 만이 320개인 수 | • | • | 3200000 |

| 만이 32개인 수 | • | • | 32000000 |

| 만이 3200개인 수 | • | • | 320000 |

시험에 잘 나와요

3-3 수를 읽어 보세요.

(1) 20540061

➡ _____

(2) 12000070

➡ _____

3-4 수로 나타내 보세요.

(1) 오백칠십만 사천팔

➡ _____

(2) 구천만 백삼십육

➡ _____

3-5 수를 쓰고 읽어 보세요.

> 만이 2718개, 일이 703개인 수

쓰기 (   )

읽기 (   )

3-6 □ 안에 알맞은 수나 말을 써넣으세요.

> 74800603은 만이 □ 개, 일이
> □ 개인 수이고 □
> 이라고 읽습니다.

3-7 2800450에 대한 설명 중 틀린 것을 찾아 기호를 써 보세요.

> ㉠ 만이 280개, 일이 450개인 수
> ㉡ 이천팔백만 사백오십
> ㉢ 280만 450

(   )

3-8 46720000을 보고 나타낸 것입니다. 빈칸에 알맞은 숫자를 쓰고 □ 안에 알맞은 수를 써넣으세요.

천	백	십	일	천	백	십	일
	6		2	0	0	0	0
			만				

$46720000 = \boxed{} + 6000000$

$+ \boxed{} + 20000$

3-9 ㉠과 ㉡이 나타내는 값을 각각 구해 보세요.

㉠ (   )

㉡ (   )

🚨 잘 틀려요

3-10 숫자 3이 300000을 나타내는 것은 어느 것인가요? (   )

① 43100829   ② 3072640

③ 19774316   ④ 2003841

⑤ 67320700

3-11 설명하는 수가 얼마인지 쓰고 읽어 보세요.

> 100만이 24개, 10만이 2개, 만이 6개인 수

쓰기 (   )

읽기 (   )

3-12 생활 주변에서 몇백만, 몇천만의 수가 사용된 예를 찾아 문장으로 나타내 보세요.

몇백만

> 예 냉장고의 가격이 200만 원입니다.

몇천만

☞ 억 알아보기

- 1000만이 10개인 수를 100000000 또는 1억이라 쓰고 억 또는 일억이라고 읽습니다.
- 1억이 4236개이면 423600000000 또는 4236억이라 쓰고 사천이백삼십육억이라고 읽습니다.

(보충)
- 억이 10개인 수 ➡ 1000000000 ➡ 10억(십억)
- 억이 100개인 수 ➡ 10000000000 ➡ 100억(백억)
- 억이 1000개인 수 ➡ 100000000000 ➡ 1000억(천억)

☞ 천억 단위까지의 자릿값 알아보기

4	2	3	6	0	0	0	0	0	0	0	0
천	백	십	일	천	백	십	일	천	백	십	일
		억				만					

⬇

4	0	0	0	0	0	0	0	0	0	0	0
	2	0	0	0	0	0	0	0	0	0	0
		3	0	0	0	0	0	0	0	0	0
			6	0	0	0	0	0	0	0	0

$$423600000000 = 400000000000 + 20000000000$$
$$+ 3000000000 + 600000000$$

---

1 개념확인

□ 안에 알맞은 수나 말을 써넣으세요.

(1) 1000만이 10개인 수를 [　　　] 또는 [　]억이라 쓰고 [　] 또는 [　　]이라고 읽습니다.

(2) 1억이 9개이면 [　　　] 또는 9억이라 쓰고 [　　]이라고 읽습니다.

(3) 1억이 125개이면 12500000000 또는 [　]억이라 쓰고 [　　　]이라고 읽습니다.

2 개념확인

623400000000에서 숫자 6, 2, 3, 4는 각각 얼마를 나타내는지 빈칸에 알맞은 수를 써넣으세요.

	천억의 자리	백억의 자리	십억의 자리	억의 자리
숫자	6	2	3	4
나타내는 값	600000000000	20000000000		

1 □ 안에 알맞은 수를 써넣으세요.

(1) 1억이 20개이면 [   ] 또는

[   ] 억이라 씁니다.

(2) 1억이 4523개이면 [   ]

또는 [   ] 억이라 씁니다.

2 빈 곳에 알맞게 써넣으세요.

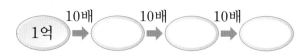

3 □ 안에 알맞은 수를 써넣으세요.

(1) 1억은 9990만보다 [   ] 만만큼 더 큰 수입니다.

(2) 1억은 9900만보다 [   ] 만만큼 더 큰 수입니다.

(3) 1억은 9000만보다 [   ] 만만큼 더 큰 수입니다.

4 빈칸에 알맞은 숫자를 쓰고 읽어 보세요.

3751040000									
						0	0	0	0
십	일	천	백	십	일	천	백	십	일
억					만				

읽기 (   )

5 수를 읽어 보세요.

(1) 275430000

➡ _____

(2) 30749081000

➡ _____

(3) 500000000300

➡ _____

6 수로 나타내 보세요.

(1) 억이 5387, 만이 6910

➡ _____

(2) 억이 104, 만이 8, 일이 9637

➡ _____

7 보기와 같이 나타내 보세요.

보기
309013400570
➡ 3090억 1340만 570

(1) 530092450098

➡ _____

(2) 67850040299

➡ _____

중요
8 475469801000에서 밑줄친 숫자 5는 어느 자리 숫자이고 나타내는 값은 얼마인지 구해 보세요.

(   ), (   )

5. 조 알아보기

교과서 개념을 이해하고 확인 문제를 통해 익혀요.

조 알아보기

- 1000억이 10개인 수를 1000000000000 또는 1조라 쓰고 조 또는 일조라고 읽습니다.
- 1조가 1357개이면 1357000000000000 또는 1357조라 쓰고 천삼백오십칠조라고 읽습니다.

천조 단위까지의 자릿값 알아보기

1	3	5	7	0	0	0	0	0	0	0	0	0	0	0	0
천	백	십	일	천	백	십	일	천	백	십	일	천	백	십	일
		조				억				만					

⬇

1	0	0	0	0	0	0	0	0	0	0	0	0	0	0	0
	3	0	0	0	0	0	0	0	0	0	0	0	0	0	0
		5	0	0	0	0	0	0	0	0	0	0	0	0	0
			7	0	0	0	0	0	0	0	0	0	0	0	0

1357000000000000 = 1000000000000000 + 300000000000000 + 50000000000000 + 7000000000000

---

1 개념확인 □ 안에 알맞게 써넣으세요.

(1) 1000억이 10개인 수를 1000000000000 또는 [　]라 쓰고 [　] 또는 일조라고 읽습니다.

(2) 조가 34개이면 [　　　　　] 또는 34조라 쓰고 [　　　]라고 읽습니다.

2 개념확인 4639000000000000에서 숫자 4, 6, 3, 9는 각각 얼마를 나타내는지 빈칸에 알맞은 수를 써넣으세요.

	천조의 자리	백조의 자리	십조의 자리	조의 자리
숫자	4	6		9
나타내는 값	4000000000000000		30000000000000	

기본 문제를 통해 교과서 개념을 다져요.

1 ☐ 안에 알맞은 수나 말을 써넣으세요.

조가 159개이면 ☐ 또는

159조라 쓰고 ☐ 라고 읽습니다.

2 빈 곳에 알맞게 써넣으세요.

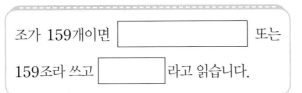

3 관계있는 것끼리 선으로 이어 보세요.

10조의 10배	•	•	1조
100조의 10배	•	•	100조
1000억의 10배	•	•	1000조

4 ☐ 안에 알맞게 써넣으세요.

(1) 1조는 9999억보다 ☐ 만큼 더 큰 수입니다.

(2) 1조는 9990억보다 ☐ 만큼 더 큰 수입니다.

(3) 1조는 9900억보다 ☐ 만큼 더 큰 수입니다.

5 수를 읽어 보세요.

6208477531290000

➡ _____

6 ☐ 안에 알맞은 수를 써넣으세요.

8702651900743662는 조가 ☐ 개,

억이 ☐ 개, 만이 ☐ 개, 일이

☐ 개인 수입니다.

7 수로 나타내 보세요.

(1) 사천이백구십육조 칠천삼백오십억

➡ _____

(2) 육백삼조 오천구십만

➡ _____

(3) 809조 45만 3248

➡ _____

※중요

8 조가 300개, 억이 2173개, 만이 69개인 수를 쓰고 읽어 보세요.

쓰기 ( )

읽기 ( )

↻ 뛰어 세기

- 1만씩 뛰어 세면 만의 자리 숫자가 1씩 커집니다.

20000 — 30000 — 40000 — 50000 — 60000 — 70000

- 1억씩 뛰어 세면 억의 자리 숫자가 1씩 커집니다.

413억 — 414억 — 415억 — 416억 — 417억 — 418억

- 1조씩 뛰어 세면 조의 자리 숫자가 1씩 커집니다.

724조 — 725조 — 726조 — 727조 — 728조 — 729조

개념잡기

↻ ■의 자리 숫자가 1씩 커지면 ■씩 뛰어 센 것입니다.

↻ **뛰어 센 수의 규칙 찾기**

51200 – 61200 –
– 71200 – 81200 –
– 91200

➡ 만의 자리 숫자가 1씩 커졌으므로 10000씩 커지는 규칙입니다.

---

1 개념확인

10000씩 뛰어 세어 보세요.

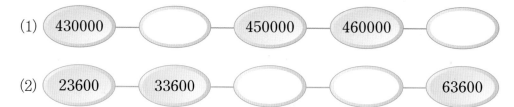

(1) 430000 — ◯ — 450000 — 460000 — ◯

(2) 23600 — 33600 — ◯ — ◯ — 63600

2 개념확인

1억씩 뛰어 세어 보세요.

(1) 5억 25만 — 6억 25만 — 7억 25만 — ☐ — ☐

(2) 1218억 — ☐ — 1220억 — ☐ — 1222억

3 개념확인

얼마씩 뛰어 세었는지 알아보세요.

317조 — 327조 — 337조 — 347조 — 357조

(1) 어느 자리의 숫자가 변했나요?

(   )

(2) 얼마씩 뛰어 세었나요?

(   )

기본 문제를 통해 교과서 개념을 다져요.

1 10억씩 뛰어 세어 보세요.

(1) 634억 — ☐ — ☐ —
— 664억 — 674억 — ☐

(2) 3750억 — ☐ — 3770억 —
— ☐ — 3790억 — ☐

2 100조씩 뛰어 세어 보세요.

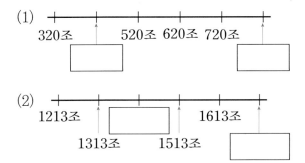

(1) 320조 ... 520조 620조 720조

(2) 1213조 ... 1613조
1313조 1513조

3 뛰어 센 수를 보고 ☐ 안에 알맞은 수나 말을 써넣으세요.

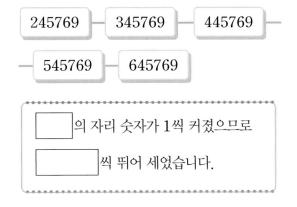

245769 — 345769 — 445769 —
— 545769 — 645769

☐ 의 자리 숫자가 1씩 커졌으므로
☐ 씩 뛰어 세었습니다.

👑 **얼마씩 뛰어 센 것인지 알아보세요.** [4~6]

4

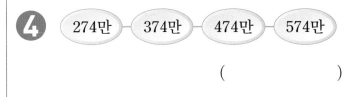

274만 — 374만 — 474만 — 574만

( )

5

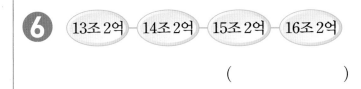

4158억 — 4168억 — 4178억 — 4188억

( )

6

13조 2억 — 14조 2억 — 15조 2억 — 16조 2억

( )

⭐중요

7 뛰어 세기를 했습니다. 빈 곳에 알맞은 수를 써넣으세요.

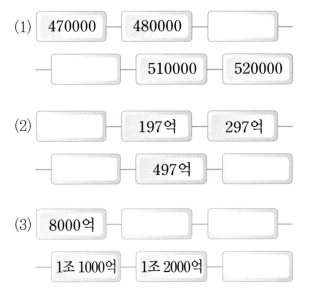

(1) 470000 — 480000 — ☐
— ☐ — 510000 — 520000

(2) ☐ — 197억 — 297억
— ☐ — 497억 — ☐

(3) 8000억 — ☐ — ☐
— 1조 1000억 — 1조 2000억 — ☐

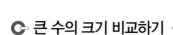

7. 큰 수의 크기 비교하기

교과서 개념을 이해하고 확인 문제를 통해 익혀요.

큰 수의 크기 비교하기

• 자리 수가 다를 때에는 자리 수가 많은 쪽이 더 큰 수입니다.

$$573563 < 5735632$$
6자리 수　　　7자리 수

• 자리 수가 같으면 가장 높은 자리의 숫자부터 차례로 비교하여 숫자가 큰 쪽이 더 큰 수입니다.

예 4737591과 4736998의 크기 비교
① 두 수는 7자리 수입니다. ← 자리 수가 같습니다.
② 가장 높은 자리의 숫자부터 차례로 비교하면 천의 자리 숫자가 7>6 입니다.

$$4737591 > 4736998$$
└── 7>6 ──┘

> **개념잡기**
>
> ○ 큰 수를 비교할 때에는 가장 먼저 자리 수를 비교합니다.

---

1 개념확인

두 수의 크기를 비교하려고 합니다. 물음에 답해 보세요.

| 6937만　　6957만 |

(1) 빈칸에 알맞은 수를 써넣으세요.

	천만	백만	십만	만	천	백	십	일
6937만 ➡	6		3		0	0	0	0
6957만 ➡		9		7	0	0	0	0

(2) 두 수의 크기를 비교하여 ○ 안에 >, <를 알맞게 써넣으세요.

6937만 ○ 6957만

2 개념확인

두 수의 크기를 비교하여 ○ 안에 >, <를 알맞게 써넣으세요.

(1) 74253690 ○ 105413720

(2) 215억 14만 ○ 214억 200만

① 두 수를 쓰고 크기를 비교하여 ○ 안에 >, =, <를 알맞게 써넣으세요.

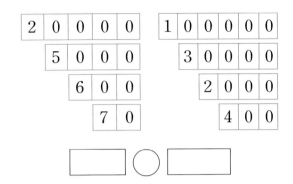

$\boxed{}$ ○ $\boxed{}$

② 두 수를 쓰고 크기를 비교하여 ○ 안에 >, =, <를 알맞게 써넣으세요.

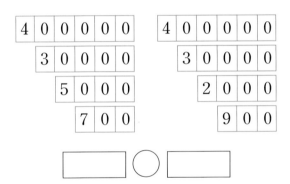

$\boxed{}$ ○ $\boxed{}$

③ 두 수의 크기를 비교하려고 합니다. □ 안에 알맞은 수나 말을 써넣으세요.

| 57214876 | 58376508 |

(1) 두 수는 모두 $\boxed{}$ 자리 수입니다.

(2) 천만의 자리 수는 같으므로 $\boxed{}$ 의 자리 수를 비교하면 더 큰 수는 $\boxed{}$ 입니다.

④ 두 수의 크기를 비교하여 ○ 안에 >, =, <를 알맞게 써넣으세요.

(1) 47391682 ○ 4859237

(2) 560704956 ○ 1009732152

(3) 38억 1400만 490 ○ 215억 479만

⑤ 두 수의 크기를 비교하여 ○ 안에 >, =, <를 알맞게 써넣으세요.

(1) 870369 ○ 869990

(2) 173960482 ○ 173871269

(3) 4500억 8700 ○ 4500억 17만

⑥ 두 수의 크기를 비교하여 ○ 안에 >, =, <를 알맞게 써넣으세요.

억이 1205개, 만이 504개인 수

○ 120550400000

⑦ 가장 큰 수를 찾아 기호를 써 보세요.

ㄱ 389987650000
ㄴ 37080090008200
ㄷ 4983008000000

( )

유형 **4** **억 알아보기**

1000만이 10개인 수
➡ ┌ 쓰기: 100000000 또는 1억
　 └ 읽기: 억 또는 일억

4-1 □ 안에 알맞은 수나 말을 써넣으세요.

> 63041000082

억이 □개, 만이 □개, 일이 □
개인 수이고 □□□□□□라고
읽습니다.

4-2 나타내는 수가 나머지와 다른 하나를 찾아 기호를 써 보세요.

> ㉠ 1000만이 10개인 수
> ㉡ 9000만보다 1000만큼 더 큰 수
> ㉢ 만의 10000배인 수

(　　　)

4-3 빈 곳에 알맞게 써넣으세요.

시험에 잘 나와요
4-4 수로 나타내 보세요.

> 칠십사억 육천이십오만 팔백십오

(　　　)

4-5 보기 와 같이 쓰고 읽어 보세요.

> 보기
> 36745728600
> ➡ 367억 4572만 8600
> ➡ 삼백육십칠억 사천오백칠십이만 팔천육백

460030580079

➡ _____

➡ _____

대표유형
4-6 □ 안에 알맞은 수나 말을 써넣으세요.

> 140675100000

(1) 천억의 자리 숫자는 □이고
□□□□□□을 나타냅니다.

(2) □의 자리 숫자는 4이고
□□□□□□을 나타냅니다.

4-7 숫자 6이 60억을 나타내는 수에 ○표 하세요.

> 135674580000 (　　)
> 56719724000 (　　)

4-8 태양에서 지구까지의 거리는 149600000 km입니다. 태양에서 지구까지의 거리는 몇 m인지 구해 보세요.

(　　　)

유형 **5** 조 알아보기

1000억이 10개인 수

➡️ ┌ 쓰기: 1000000000000 또는 1조
   └ 읽기: 조 또는 일조

5-1 □ 안에 알맞은 수를 써넣으세요.

(1) 1000만이 10개이면 ☐
입니다.

(2) 1000억이 10개이면 ☐
입니다.

5-2 보기 와 같이 나타내고 읽어 보세요.

보기

조가 251개, 억이 4017개, 만이 2005개,
일이 3개인 수

➡️ 251조 4017억 2005만 3
또는 251401720050003

➡️ 이백오십일조 사천십칠억 이천오만 삼

조가 32개, 억이 54개, 만이 3600개,
일이 500개인 수

➡️ _____

또는

➡️ _____

5-3 다음을 수로 나타내 보세요.

조가 26개, 억이 710개, 일이 38개인 수

(_____)

5-4 □ 안에 알맞은 수를 써넣으세요.

61283500917400은 조가 ☐ 개, 억이
☐ 개, 만이 ☐ 개, 일이 ☐
개인 수입니다.

5-5 빈 곳에 알맞은 수를 써넣으세요.

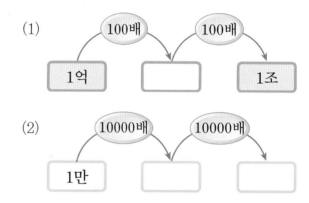

(1)

(2)

5-6 숫자 4가 나타내는 값을 써넣으세요.

㉠ 4̲7652800000000
㉡ 1254987300000000

	나타내는 값
㉠	
㉡	

⚠️ 잘 틀려요

5-7 밑줄 친 숫자가 나타내는 값이 더 큰 것을 찾
아 기호를 써 보세요.

㉠ 5̲432921486329
㉡ 32793̲450028730

(_____)

유형 6 **큰 수의 뛰어 세기**

- 만씩 뛰어 세면 만의 자리 숫자가 1씩 커집니다.
- 억씩 뛰어 세면 억의 자리 숫자가 1씩 커집니다.
- 조씩 뛰어 세면 조의 자리 숫자가 1씩 커집니다.
- ★의 자리 숫자가 1씩 커지면 ★씩 뛰어 센 것입니다.

6-1 10억씩 뛰어 세어 보세요.

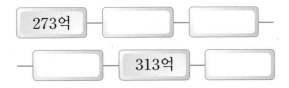

6-2 100조씩 뛰어 세어 보세요.

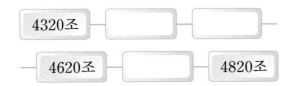

👑 뛰어 세기를 한 것입니다. 빈 곳에 알맞은 수를 써넣으세요. [6-3~6-4]

6-3
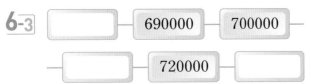

6-4

6-5 얼마씩 뛰어 세었는지 써 보세요.

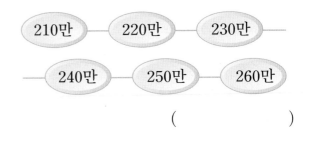

( )

6-6 수를 뛰어 세기 한 것입니다. ㉠에 알맞은 수를 구해 보세요.

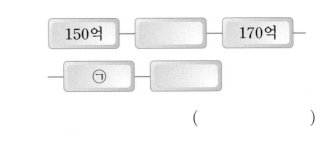

( )

6-7 수직선에서 ☐ 안에 알맞은 수를 써넣으세요.

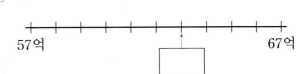

🎓 **시험에 잘 나와요**

6-8 325조 1000억에서 커지는 규칙으로 100억씩 5번 뛰어 센 수는 얼마인가요?

( )

유형 7 ── 큰 수의 크기 비교하기

① 두 수의 자리 수를 비교합니다.

$$135746 \ \textcircled{>} \ 85437$$
6자리 수   5자리 수

② 자리 수가 같으면 가장 높은 자리의 숫자부터 차례로 비교합니다.

$$645312 \ \textcircled{<} \ 672415$$
└── 4 < 7 ──┘

7-1 더 큰 수에 ◯표 하세요.

15437129   1784365

7-2 두 수의 크기를 비교하려면 어느 자리 숫자의 크기를 비교해야 하나요?

4879054123   4897045213

(   )

대표유형

7-3 두 수의 크기를 비교하여 ◯ 안에 >, =, < 를 알맞게 써넣으세요.

(1) 47391682 ◯ 4859237

(2) 234조 380억 590 ◯ 234조 416억

(3) 739억 1037만

◯ 칠백삼십구억 천삼백칠만

7-4 0부터 9까지의 숫자 중에서 □ 안에 들어갈 수 있는 숫자를 모두 구하세요.

(1) 41739802 > 417□7008

(   )

(2) 63□15390 > 63753890

(   )

잘 틀려요

7-5 □ 안에는 0부터 9까지 어느 숫자를 넣어도 됩니다. 두 수의 크기를 비교하여 ◯ 안에 >, <를 알맞게 써넣으세요.

(1) 893□54 ◯ 8□1437

(2) 15041□7 ◯ 15□4203

Tip □ 안에 0 또는 9를 넣어서 가장 높은 자리 숫자부터 비교합니다.

7-6 더 큰 수를 찾아 기호를 써 보세요.

㉠ 95억을 100배 한 수
㉡ 10억을 1000배 한 수

(   )

7-7 가장 큰 수에 ◯표, 가장 작은 수에 △표 하세요.

5674009000	(	)
5609840000	(	)
594210000	(	)

1 만에 대한 설명 중 <u>틀린</u> 것은 어느 것인가요?

(   )

① 9999보다 1만큼 더 큰 수
② 9900보다 100만큼 더 큰 수
③ 9000보다 1000만큼 더 큰 수
④ 1000이 10개인 수
⑤ 100의 10배인 수

2 밑줄 친 부분을 수로 나타내 보세요.

> 어느 인형공장에서는 인형 오만 삼천이
> 개를 만들었습니다.

(   )

3 영수는 4000원을 가지고 있고, 지혜는 영수
보다 1000원을 더 가지고 있습니다. 두 사람
이 가지고 있는 돈에 얼마를 더하면 10000원
이 되는지 구해 보세요.

(   )

4 780만을 잘못 설명한 것을 찾아 기호를 써 보
세요.

> ㉠ 10000이 78개인 수
> ㉡ 10000이 780개인 수
> ㉢ 100000이 78개인 수

(   )

5 천만의 자리 숫자가 5인 것을 찾아 기호를
써 보세요.

> ㉠ 45863210   ㉡ 59860000
> ㉢ 13572468   ㉣ 98753620

(   )

6 우리나라의 인구는 오천백칠십삼만 이천오백
명입니다. 우리나라의 인구를 수로 나타내 보
세요.

(   )

7 은행에서 10만 원짜리 수표 1장, 만 원짜리
지폐 7장, 백 원짜리 동전 8개를 찾았습니다.
은행에서 찾은 돈은 모두 얼마인가요?

(   )

8 수표로 2500000원이 있습니다. 만 원짜리 지
폐로 모두 바꾼다면 만 원짜리 지폐는 몇 장으
로 바꿀 수 있나요?

(   )

9 억이 569개, 만이 7865개인 수를 바르게 나타낸 사람은 누구인가요?

> 한별: 569078650000
> 예슬: 56978650000

( )

10 밑줄 친 숫자가 나타내는 값이 80억인 것은 어느 것인가요? ( )

11 빈 곳에 알맞은 수를 써넣으세요.

(1)
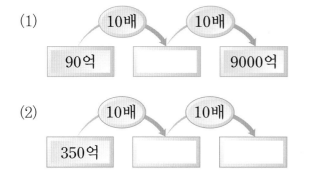

(2)

12 ㉠이 나타내는 값은 ㉡이 나타내는 값의 몇 배인가요?

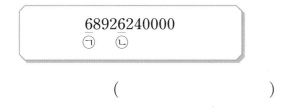

( )

13 빈 곳에 알맞은 수를 써넣으세요.

14 0부터 9까지의 숫자 카드를 모두 사용하여 백만의 자리 숫자가 0인 10자리 수를 만들려고 합니다. 만들 수 있는 10자리 수 중 가장 큰 수를 구해 보세요.

( )

15 억이 32개, 만이 890개, 일이 2400개인 수를 수로 나타낼 때, 0의 개수는 모두 몇 개인가요?

( )

16 수로 나타낼 때, 0의 개수가 가장 많은 것을 찾아 기호를 써 보세요.

> ㉠ 칠억 오천사백육십만
> ㉡ 삼천육억 사백만
> ㉢ 사십삼조 이천오백칠십억 천육

( )

17 20조씩 뛰어 세어 보세요.

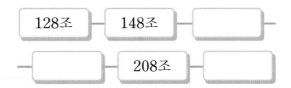

128조 — 148조 — [ ]

[ ] — 208조 — [ ]

18 규칙에 따라 빈 곳에 알맞은 수를 써넣으세요.

규칙

→ : 1만씩 뛰어 세기를 한 것입니다.

↓ : 10만씩 뛰어 세기를 한 것입니다.

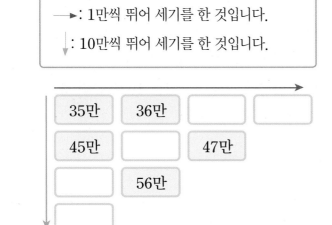

35만 | 36만 | [ ] | [ ]

45만 | [ ] | 47만

[ ] | 56만

[ ]

19 규칙을 정하여 뛰어 세어 보고, 그 규칙을 설명해 보세요.

50억 — [ ] — [ ] — [ ] — [ ]

_____

20 다음 수에서 커지는 규칙으로 2000억씩 5번 뛰어 세면 얼마인가요?

6조 2468억

( )

21 수직선에서 ㉠에 알맞은 수를 구해 보세요.

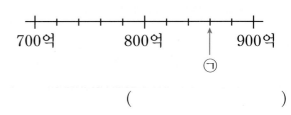

700억   800억   900억
㉠

( )

22 영수가 지금까지 모은 돈은 75000원입니다. 매달 10000원씩 저금한다면 다음과 같은 운동화를 사기 위해 앞으로 몇 개월을 더 저금해야 하나요?

125000원

( )

23 가장 큰 수에 ○표, 가장 작은 수에 △표 하세요.

17조 36억   (   )

오천팔백억 사백만   (   )

690072100800   (   )

24 가장 작은 수부터 차례대로 기호를 써 보세요.

㉠ 34조 6419억 27

㉡ 3862000957400

㉢ 사십삼조 천팔백억 이백삼십만

( )

세계 여러 국가의 인구 수를 조사하여 나타낸 표입니다. 물음에 답해 보세요. [25~26]

국가명	인구(명)
미국	339996600
브라질	이억 천칠백삼십일만 삼천오백
인도네시아	277534100
인도	14억 3262만 700
중국	1425671400

25 인구 수가 10억보다 많은 국가의 이름을 모두 써 보세요.

( )

26 인구 수가 많은 순서대로 국가의 이름을 써 보세요.

( )

27 태양과 행성 사이의 거리입니다. 태양에서 가장 가까운 순서대로 행성의 이름을 써 보세요.

> 수성: 57910000 km
> 지구: 1억 4960만 km
> 금성: 일억 팔백이십만 km

( )

28 0부터 9까지의 숫자 중에서 □ 안에 들어갈 수 있는 숫자를 모두 구해 보세요.

> 283673780 < 2836□5417

( )

29 지혜와 가영이가 가지고 있는 숫자 카드를 한 번씩만 사용하여 가장 큰 일곱 자리 수를 만들려고 합니다. 누가 더 큰 수를 만들 수 있는지 구해 보세요.

( )

30 조건을 모두 만족하는 수를 구해 보세요.

> • 1부터 5까지의 숫자를 한 번씩 사용하였습니다.
> • 34000보다 큰 수입니다.
> • 34200보다 작은 수입니다.
> • 일의 자리 수는 홀수입니다.

( )

서술 유형 익히기

주어진 풀이 과정을 함께 해결하면서
서술형 문제의 해결 방법을 익혀요.

1 다음 수에서 천만의 자리 숫자와 십만의 자리 숫자의 합은 얼마인지 풀이 과정을 쓰고 답을 구해 보세요.

67524983

풀이 67524983에서 천만의 자리 숫자는 □이고, 십만의 자리 숫자는 □입니다.
따라서 천만의 자리 숫자와 십만의 자리 숫자의 합은 □+□=□입니다.

답 □

1-1 다음 수에서 십억의 자리 숫자와 백만의 자리 숫자의 차는 얼마인지 풀이 과정을 쓰고 답을 구해 보세요.

62385942459

풀이

답

2 웅이는 10000원짜리 지폐 4장, 1000원짜리 지폐 2장, 100원짜리 동전 9개, 10원짜리 동전 5개를 모았습니다. 웅이가 모은 돈은 모두 얼마인지 풀이 과정을 쓰고 답을 구해 보세요.

풀이 10000원짜리 지폐가 4장이면 □원, 1000원짜리 지폐가 2장이면 □원, 100원짜리 동전이 9개이면 □원, 10원짜리 동전이 5개이면 □원입니다. 따라서 웅이가 모은 돈은 다음과 같습니다.

□+□+□+□
=□(원)

답 □원

2-1 저금통의 돈을 모두 꺼내 보니 10000원짜리 지폐 5장, 100원짜리 동전 13개, 10원짜리 동전 3개가 있었습니다. 저금통에는 얼마가 있었는지 풀이 과정을 쓰고 답을 구해 보세요.

풀이

답

3 뛰어 세기를 했습니다. 빈 곳에 알맞은 수를 써넣고, 얼마씩 뛰어 센 것인지 풀이 과정을 쓰고 답을 구해 보세요.

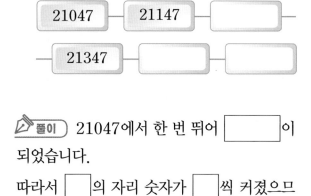

✏️ 풀이) 21047에서 한 번 뛰어 [ ]이 되었습니다.

따라서 [ ]의 자리 숫자가 [ ]씩 커졌으므로 [ ]씩 뛰어 센 것입니다.

답 __[ ]__

3-1 뛰어 세기를 했습니다. 빈 곳에 알맞은 수를 써넣고, 얼마씩 뛰어 센 것인지 풀이 과정을 쓰고 답을 구해 보세요.

[ ] — 3831억 — 3841억 —

[ ] — 3861억 — [ ]

✏️ 풀이)

_____

_____

_____

_____

답 _____

4 어떤 수에서 커지는 규칙으로 10억씩 10번 뛰어 세었더니 2조 3500억이 되었습니다. 어떤 수는 얼마인지 풀이 과정을 쓰고 답을 구해 보세요.

✏️ 풀이) 10억씩 10번 뛰어 세면 [ ]억이 커집니다.

따라서 어떤 수는 2조 3500억보다 [ ]억 작은 수인 [ ]조 [ ]억입니다.

답 [ ]조 [ ]억

4-1 어떤 수에서 커지는 규칙으로 500억씩 6번 뛰어 세었더니 9조 7000억이 되었습니다. 어떤 수는 얼마인지 풀이 과정을 쓰고 답을 구해 보세요.

✏️ 풀이)

_____

_____

_____

_____

답 _____

1단원 단원 평가

1 □ 안에 알맞게 써넣으세요.

> 1000이 10개인 수를 10000 또는 [   ]
> 이라 쓰고 만 또는 [   ] 이라고 읽습니다.

2 □ 안에 알맞은 수를 써넣으세요.

> 30000은 10000이 [   ] 개인 수이고
> [   ] 은 1000이 90개인 수입니다.

3 □ 안에 알맞은 수를 써넣으세요.

> 100000이 6개 ┐
> 10000이 2개 │
> 1000이 5개 ├ 이면 [   ]
> 100이 9개 ┘

4 수를 읽어 보세요.

(1) 50072735

➡ _____

(2) 34604090343

➡ _____

5 수로 나타내 보세요.

(1) 삼백육십칠억 사천만

➡ _____

(2) 칠십이조 팔천삼십육만

➡ _____

6 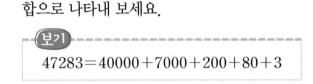 와 같이 각 자리 숫자가 나타내는 값의 합으로 나타내 보세요.

> 보기
> 47283 = 40000 + 7000 + 200 + 80 + 3

(1) 80254

= [   ] + [   ] + [   ] + [   ]

(2) 57009

= [   ] + [   ] + [   ]

7 숫자 7이 나타내는 값은 얼마인가요?

> 347654320009

(   )

8 천만의 자리 숫자가 5인 것은 어느 것인가요? (   )

① 805300   ② 510006420

③ 19500000   ④ 57608731

⑤ 245600000

단원
1

9 수로 나타내고 읽어 보세요.

조가 43개, 만이 760개, 일이 4560개인 수

쓰기 (   )

읽기 (   )

10 36001050017에 대한 설명 중 틀린 것을 찾아 기호를 써 보세요.

㉠ 억이 36개, 만이 105개, 일이 17개인 수
㉡ 삼백육십억 백오만 십칠
㉢ 360억 105만 17

(   )

11 옳은 것은 어느 것인가요? (   )

① 1000만이 100개이면 1억입니다.
② 10억의 100배는 1조입니다.
③ 1억의 1000배는 1조입니다.
④ 9000억의 1000배는 1조입니다.
⑤ 9000억보다 1000억만큼 더 큰 수는 1조입니다.

12 다음과 같이 뛰어 세었습니다. 빈 곳에 알맞은 수를 써넣으세요.

13 수직선에서 ㉠에 알맞은 수를 구해 보세요.

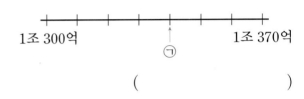

(   )

14 다음과 같이 뛰어 세었습니다. 빈 곳에 알맞은 수를 써넣으세요.

15 수로 나타낼 때, 0의 개수가 가장 많은 것부터 차례대로 기호를 써 보세요.

㉠ 사십억 오백칠십만 삼천육
㉡ 백억 오백만 사백
㉢ 억이 56, 만이 7006인 수

(   )

16 두 수의 크기를 비교하여 ◯ 안에 >, =, < 를 알맞게 써넣으세요.

(1) 54321004 ◯ 452100005

(2) 84억 460만 ◯ 8044500000

17 가장 큰 수는 어느 것인가요? (   )

① 삼백오십만 칠천구
② 만이 340개이고, 일이 9999개인 수
③ 3600을 1000배 한 수
④ 3600000보다 1만큼 더 큰 수
⑤ 3599999

18 0부터 9까지의 숫자 중에서 □ 안에 들어갈 수 있는 숫자는 모두 몇 개인가요?

> 9847□65070000 < 9847590000000

(   )

👑 숫자 카드를 보고 물음에 답해 보세요.

[19~20]

| 0 | 9 | 6 | 7 | 3 | 8 |

19 숫자 카드를 모두 사용하여 가장 작은 여섯 자리 수를 만들 때, 백의 자리 숫자는 어떤 수인가요?

(   )

20 숫자 카드를 모두 사용하여 여섯 자리 수를 만들 때, 십만의 자리 숫자가 7인 가장 큰 수는 얼마인가요?

(   )

21 설명하는 수를 구해 보세요.

> • 2부터 7까지의 숫자를 모두 한 번씩 사용하여 만든 여섯 자리 수입니다.
> • 563000보다 크고 563400보다 작은 짝수입니다.

(   )

22 지갑에 100000원짜리 수표가 3장, 10000 원짜리 지폐가 6장, 1000원짜리 지폐가 5장 들어 있습니다. 지갑에 들어 있는 돈은 모두 얼마인지 풀이 과정을 쓰고 답을 구해 보세요.

풀이

답 ------------------------------

23 1억이 32개, 10만이 17개, 100이 54개인 수를 수로 나타낼 때, 0의 개수는 모두 몇 개 인지 풀이 과정을 쓰고 답을 구해 보세요.

풀이

답 ------------------------------

24 미래 회사의 어느 해 매출액은 오조 사천억 원이라고 합니다. 매출액이 매년 4000억 원 씩 일정하게 늘어난다면 4년 후의 매출액은 얼마가 될지 풀이 과정을 쓰고 답을 구해 보세요.

풀이

답 ------------------------------

25 어떤 수에서 100억씩 커지는 규칙으로 10번 뛰어 센 수가 3조 7500억입니다. 어떤 수는 얼마인지 풀이 과정을 쓰고 답을 구해 보세요.

풀이

답 ------------------------------

탐구 수학

👑 고대 이집트에서 수를 표현하는 방법을 나타낸 표입니다. 물음에 답해 보세요. [1~2]

고대 이집트에서 수를 표현한 방법

수	고대 이집트 숫자	설명
1	|	막대기 모양
10	∩	말발굽 모양
100	?	밧줄을 둥그렇게 감은 모양
1000		나일강에 피어 있는 연꽃 모양
10000		하늘을 가리키는 손가락 모양
100000		나일강에서 사는 올챙이 모양
1000000		너무 놀라 양손을 하늘로 들어 올린 사람 모양

① 표를 보고 보기와 같이 나타내 보세요.

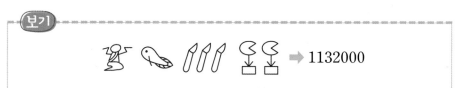

보기

→ 1132000

→ ☐

② 표를 보고 보기와 같이 나타내 보세요.

보기

2013420 →

1140230 → _____

다 함께 행복한 세상 만들기

비교하는 건 정말 싫어요. 나는 키도 작고 뚱뚱하고 별로 예쁘지도 않고, 공부도 잘하지 못하기 때문에 비교하는 건 정말 싫어요. 게다가 달리기도 못하고 목소리는 큰데 노래만 하려고 하면 절로 목이 움츠려지고, 그림 그리는 건 정말 싫거든요. 그래서 난 정말 잘하는 게 하나도 없어요. 그래서 어른들이 친구들과 비교하는 말을 하실 때가 정말 싫어요.

"야, 우리 조금이 많이 컸네!"

라고 동네 어른이 반갑게 인사를 받아주시면 그날은 날아갈 듯이 기분이 좋아져요.

"조금이가 책을 가장 많이 읽는 것 같더라."

라고 도서관 사서 선생님께서 말씀하실 때는 마이크에 대고 방송에 내보내고 싶을 정도로 으쓱해져요.

"사물함 정리는 우리 반에서 조금이가 가장 잘해요."

라고 선생님이 내 이름을 부르실 때는 머리가 하얗게 비는 기분이었어요.

'내가 가장 잘한다고?'

그러고 보니 나를 다른 사람과 비교해서 칭찬받는 일도 많았네요. 비교하는 건 싫다고 했는데 내가 칭찬받을 때는 비교한다는 걸 잠시 잊는가 봐요.

어느 날 아빠가 즐겨 보시는 책을 뒤적이다가 '1조를 벌면 무엇을 할 것인가?'라는 글을 보았어요.

1조를 벌면 무엇을 할 것인가?

세계에서 가장 큰 온라인 신발사이트 '자포스' 기업을 만든 토니 셰이는 사업에 성공을 했습니다. 그는 2009년에 '자포스' 기업을 아마존이라는 회사에 1350000000000원이라는 많은 돈을 받고 팔았습니다. 그 돈 가운데 약 400000000000원으로 '다운타운 프로젝트'를 시작했습니다.

토니 셰이의 '다운타운 프로젝트'는 '세상을 뒤집는 혁신은 사람들이 같은 생활 공간에서 마주치고, 부대끼고, 나누고, 협업하는 가운데 저절로 나온다.'라는 믿음에서 시작되었습니다.

토니 셰이는 '다운타운 프로젝트'를 위해 라스베가스 주변의 버려진 땅과 건물을 220000000000원에 사고, 예쁜 아이스크림 가게 등과 같은 소규모 가게들을 만들어 원주민에게 빌려주어 장사를 하도록 하는 데 55000000000원을 투자하였습니다.

또한 거리를 단장하고 학교, 공연장, 공원 등의 교육시설과 문화시설을 만드는 데

60000000000원과 나머지 65000000000원은 젊은 창업가의 독창적인 아이디어로 사업을 할 수 있도록 투자하였습니다.

토니 셰이가 만든 공동체에는 사람들이 지켜야 할 것이 하나 있습니다. 서로 다른 생각을 가진 사람들이 더 자주 만날 수 있도록 '되도록 걸어서 다닐 것'이라는 규칙입니다.

도시 주변의 버려진 땅에서 시작된 토니 셰이의 거대한 혁신 실험은 그냥 꿈으로만 끝날 것 같지는 않습니다. 이미 미국의 많은 성공한 기업가들이 토니 셰이와 같이 버려진 땅에서 기적을 일구어 낼 공동체를 만들고 있기 때문입니다.

지금 나는 토니 셰이와 비교해서 돈은 많이 없어요. 하지만 앞으로 나도 이렇게 많은 돈을 모아서 토니 셰이처럼 다 함께 행복할 수 있는 일을 하고 싶다는 생각을 했어요.

😃 위의 글에 나온 큰 수를 읽어 보세요.

그는 2009년에 '자포스' 기업을 아마존이라는 회사에 1350000000000원이라는 많은 돈을 받고 팔았습니다. (   )

그 돈 가운데 약 400000000000원으로 '다운타운 프로젝트'를 시작했습니다.
(   )

단원 2 각도

이전에 배운 내용

• 각과 직각 알아보기

• 직각삼각형 알아보기

• 직사각형, 정사각형 알아보기

다음에 배울 내용

• 각의 크기에 따라 삼각형 분류하기

• 이등변삼각형, 정삼각형의 성질

각의 크기 비교하기

- 각의 크기는 그려진 변의 길이와 관계없이 두 변의 벌어진 정도가 클수록 큰 각입니다.
- 눈으로 각의 크기를 비교하기 어려운 경우 투명 종이로 한 각의 본을 떠서 본뜬 각을 다른 각에 겹쳐 본 다음, 각의 크기를 비교할 수 있습니다.

  ➡ ➡ 나가 더 큰 각입니다.

가   나   가<나

개념잡기

각의 크기

각의 두 변이 벌어진 정도

주의 각의 크기는 변의 길이와 관계 없습니다.

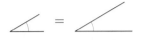

---

1 개념확인

두 개의 부채를 각각 펼쳐 보았습니다. 알맞은 말에 ○표 하세요.

(1) 두 부채 중 더 넓게 펼쳐진 부채는 (가, 나)입니다.

(2) 가 부채가 이루는 각은 나 부채가 이루는 각보다 더 (큽니다 , 작습니다).

2 개념확인

두 각 중에서 더 큰 각을 찾아 기호를 써 보세요.

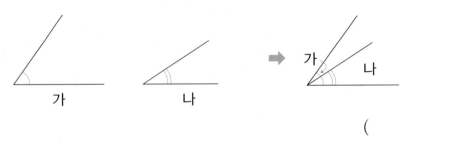

(   )

3 개념확인

부채의 부챗살이 이루는 각의 크기는 일정합니다. 부챗살을 이용하여 부채 갓대가 이루는 각의 크기가 더 큰 것을 찾아 기호를 써 보세요.

 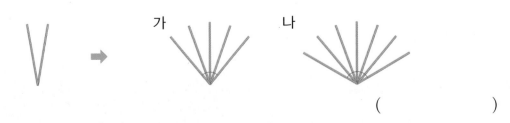

(   )

기본 문제를 통해 교과서 개념을 다져요.

1 색종이로 만든 부채를 펼쳐 보았습니다. 물음에 답해 보세요.

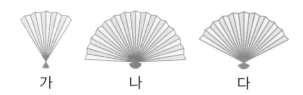

가 　　　　 나 　　　　 다

(1) 가장 좁게 펼쳐진 부채를 찾아 기호를 써 보세요.

(　　　　　　)

(2) 가장 넓게 펼쳐진 부채를 찾아 기호를 써 보세요.

(　　　　　　)

2 가장 많이 벌어진 가위에 ○표, 가장 적게 벌어진 가위에 △표 하세요.

(　　) 　 (　　) 　 (　　)

3 두 각의 크기를 비교하여 더 작은 각을 찾아 기호를 써 보세요.

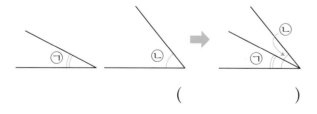

(　　　　　　)

4 다음을 읽고 알맞은 말에 ○표 하세요.

각의 크기는 (두 변의 벌어진 정도, 변의 길이)에 따라 다릅니다.

5 두 각 중에서 더 작은 각을 찾아 기호를 써 보세요.

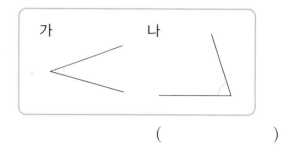

(　　　　　　)

6 세 각의 크기를 비교해 보려고 합니다. 물음에 답해 보세요.

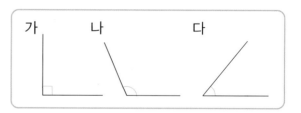

(1) 가장 큰 각을 찾아 기호를 써 보세요.

(　　　　　　)

(2) 가장 작은 각을 찾아 기호를 써 보세요.

(　　　　　　)

7 그림을 보고 물음에 답해 보세요.

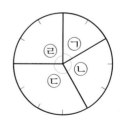

(1) 가장 큰 각을 찾아 기호를 써 보세요.

(　　　　　　)

(2) 크기가 같은 두 각을 찾아 기호를 써 보세요.

(　　　　　　)

각의 크기를 나타내는 단위 알아보기

- 각의 크기를 나타내는 단위는 도입니다.
- 직각의 크기를 똑같이 90으로 나눈 것 중 하나를 1도라 하고, 1°라고 씁니다.
- 직각은 90°입니다.

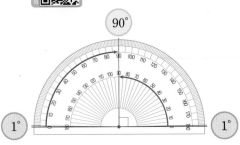

각도기를 사용하여 각의 크기를 재기

① 꼭짓점 ㄴ에 각도기의 중심을 맞춥니다.
② 각도기의 밑금을 변 ㄴㄷ에 맞춥니다.
③ 변 ㄴㄱ과 만나는 눈금을 읽습니다. ← 선이 숫자에 닿지 않으면 선을 연장해서 만나는 눈금을 읽습니다.
➡ 따라서 각도는 40°입니다.

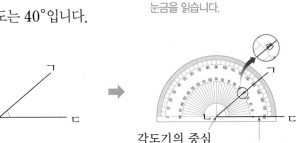

각도기의 중심
각도기의 밑금

개념잡기

각도기의 작은 눈금 한 칸은 1°를 나타냅니다.

→ 각도기의 밑금에 맞춰진 변

보충 각의 기준선 이 각도기의 오른쪽에 있으면 안쪽의 눈금을, 왼쪽에 있으면 바깥쪽의 눈금을 읽습니다.

---

1 개념확인 □ 안에 알맞게 써넣으세요.

(1) 각의 크기를 나타내는 단위는 □ 입니다.

(2) 직각의 크기를 똑같이 90으로 나눈 것 중 하나를 □ 라 하고, □° 라고 씁니다.

(3) 직각은 □° 입니다.

2 개념확인 각도기로 각 ㄱㄴㄷ의 크기를 재려고 합니다. □ 안에 알맞게 써넣으세요.

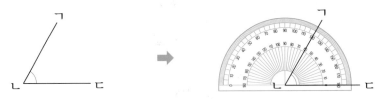

(1) 꼭짓점 □ 에 각도기의 중심을 맞춥니다.

(2) 각도기의 밑금을 변 □ 에 맞춥니다.

(3) 변 ㄴㄱ과 만나는 눈금은 □ 이므로 각 ㄱㄴㄷ의 크기는 □° 입니다.

기본 문제를 통해 교과서 개념을 다져요.

1 ☐ 안에 알맞은 말을 써넣으세요.

> 각도기로 각도를 잴 때에는 각의 꼭짓점에 각
> 도기의 ☐ 을 맞추고, 각도기의 ☐ 을
> 각의 한 변에 맞추어 다른 변과 만나는 눈금
> 을 읽습니다.

2 각도기를 사용하여 각도를 바르게 잰 것은 어
느 것인지 기호를 써 보세요.

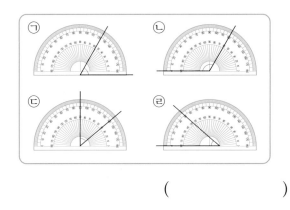

(   )

3 각도를 바르게 구한 사람은 누구인가요?

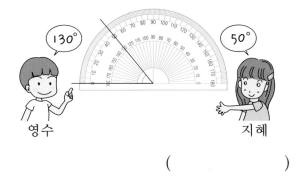

(   )

4 각도를 구해 보세요.

(1)

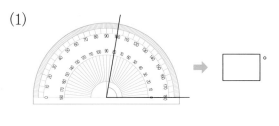 ➡ ☐°

(2)

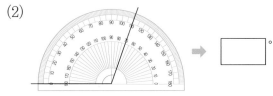 ➡ ☐°

단원
2

중요
5 각도기로 각도를 재어 보세요.

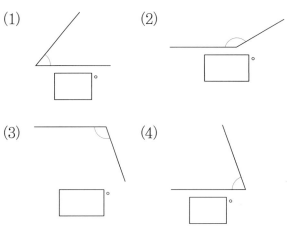

(1)   (2)

(3)   (4)

6 각도기로 다음 도형의 6개의 각도를 재어 보고
각의 크기를 비교해 보세요.

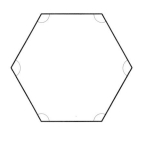

_____

_____

3. 직각보다 작은 각, 큰 각 알아보기

교과서 개념을 이해하고 확인 문제를 통해 익혀요.

↻ 직각보다 작은 각 알아보기

각도가 0°보다 크고 직각보다 작은 각을 예각이라고 합니다.

↻ 직각보다 큰 각 알아보기

각도가 직각보다 크고 180°보다 작은 각을 둔각이라고 합니다.

개념잡기

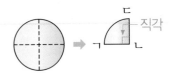

↻ 직각 ㄱㄴㄷ

♻ 0°<(예각)<90°,
   90°<(둔각)<180°
  ➡ (예각)<(직각)<(둔각)

---

1 개념확인

직각이 있는 삼각자를 이용하여 직각, 직각보다 작은 각, 직각보다 큰 각을 알아보려고 합니다. 물음에 답해 보세요.

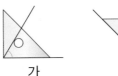 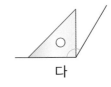

    가   나   다   라

(1) 빈칸에 알맞은 기호를 써넣으세요.

직각보다 작은 각	직각	직각보다 큰 각

(2) ☐ 안에 알맞은 말을 써넣으세요.

각도가 0°보다 크고 직각보다 작은 각을 ☐ 이라 하고, 각도가 직각보다 크고 180°보다 작은 각을 ☐ 이라고 합니다.

2 개념확인

각을 보고 ☐ 안에 예각과 둔각을 알맞게 써넣으세요.

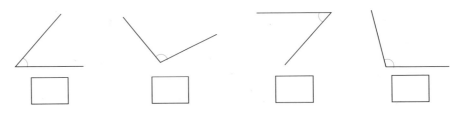

☐   ☐   ☐   ☐

1 각을 보고 ( ) 안에 예각이면 ○표, 둔각이면 △표 하세요.

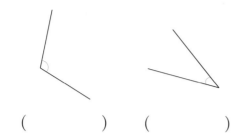

(   )   (   )

 중요

2 각을 보고 물음에 답해 보세요.

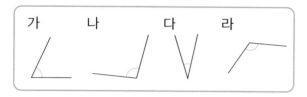

(1) 예각을 모두 찾아 기호를 써 보세요.

(   )

(2) 둔각을 모두 찾아 기호를 써 보세요.

(   )

3 주어진 각의 한 변을 이용하여 예각을 그려 보세요.

(1)
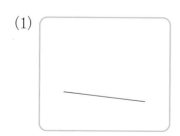

(2)
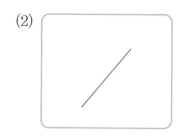

4 주어진 각의 한 변을 이용하여 둔각을 그려 보세요.

(1)
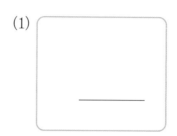

(2)
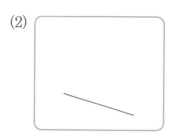

5 시계의 긴바늘과 짧은바늘이 이루는 작은 쪽의 각이 예각인 경우와 둔각인 경우를 각각 찾아 기호를 써 보세요.

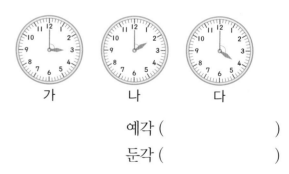

가   나   다

예각 (   )

둔각 (   )

6 오른쪽 그림에서 찾을 수 있는 예각에는 ○표, 둔각에는 △표, 직각에는 ×표 하세요.

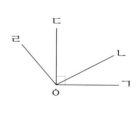

각 ㄱㅇㄴ (   )   각 ㄱㅇㄷ (   )

각 ㄱㅇㄹ (   )   각 ㄴㅇㄷ (   )

각 ㄴㅇㄹ (   )   각 ㄷㅇㄹ (   )

유형 **1** 각의 크기 비교하기

각의 크기는 그려진 변의 길이와 관계없이 두 변의 벌어진 정도가 클수록 큰 각입니다.

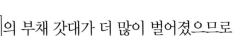

가   나   다

➡ 각의 크기가 가장 큰 것은 다입니다.

1-1 그림을 보고 □ 안에 알맞은 말을 써넣으세요.

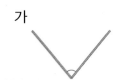

가   나

□ 의 부채 갓대가 더 많이 벌어졌으므로

□ 의 각의 크기가 더 큽니다.

대표유형

1-2 두 각 중에서 더 큰 각을 찾아 기호를 써 보세요.

가   나

(   )

1-3 시계의 긴바늘과 짧은바늘이 이루는 작은 쪽의 각의 크기가 더 작은 것에 ○표 하세요.

(   )   (   )

1-4 그림을 보고 물음에 답해 보세요.

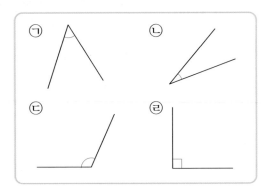

(1) 가장 큰 각을 찾아 기호를 써 보세요.

(   )

(2) 가장 작은 각을 찾아 기호를 써 보세요.

(   )

1-5 보기 보다 작은 각을 그려 보세요.

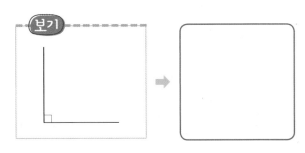

1-6 점을 이어서 크기가 다른 각 3개를 그려 보세요.

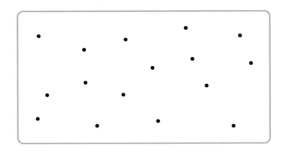

유형 2   각의 크기 재기

- 각의 크기를 나타내는 단위는 도입니다.
- 직각의 크기를 똑같이 90으로 나눈 것 중 하나를 1도라 하고, 1°라고 씁니다.
- 직각은 90°입니다.
- 각도기를 사용하여 각의 크기를 재기

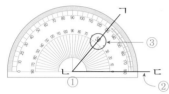

① 꼭짓점 ㄴ에 각도기의 중심 맞추기
② 각도기의 밑금을 변 ㄴㄷ에 맞추기
③ 변 ㄴㄱ과 만나는 눈금 읽기

2-1 □ 안에 알맞은 수를 써넣으세요.

각의 한 변이 안쪽 눈금 0에 맞추어져 있으므로 안쪽 눈금을 읽으면 □°입니다.

시험에 잘 나와요

2-2 각도를 구해 보세요.

(1)

(2)

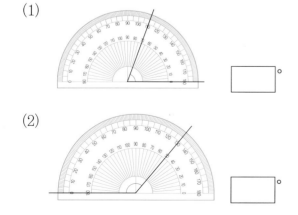

2-3 그림을 보고 각도를 구해 보세요.

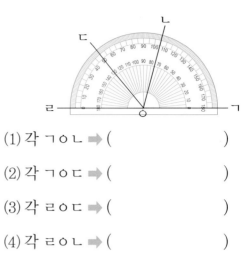

(1) 각 ㄱㅇㄴ ➡ (   )

(2) 각 ㄱㅇㄷ ➡ (   )

(3) 각 ㄹㅇㄷ ➡ (   )

(4) 각 ㄹㅇㄴ ➡ (   )

잘 틀려요

2-4 시계의 긴바늘과 짧은바늘이 이루는 작은 쪽의 각의 크기를 구해 보세요.

(1)

(2)

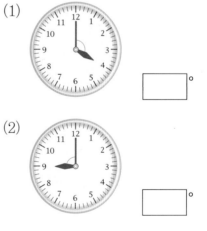

2-5 각도기로 각도를 재어 보세요.

(1)   (2)

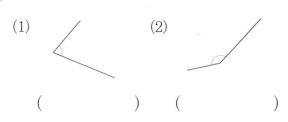

(   )   (   )

유형**3**   **직각보다 작은 각, 큰 각 알아보기**

- 직각: 크기가 90°인 각
- 예각: 각도가 0°보다 크고 직각보다 작은 각
  ➡ 0°<(예각)<90°
- 둔각: 각도가 직각보다 크고 180°보다 작은 각
  ➡ 90°<(둔각)<180°

3-1 □ 안에 알맞은 말을 써넣으세요.

(1) 각도가 0°보다 크고 직각보다 작은 각을
□ 이라고 합니다.

(2) 각도가 직각보다 크고 180°보다 작은 각
을 □ 이라고 합니다.

3-2 예각은 어느 것인가요? (   )

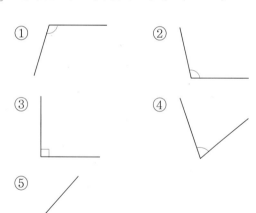

대표유형

3-3 예각과 둔각을 알맞게 써넣으세요.

(1) 45° ➡ (   )

(2) 130° ➡ (   )

3-4 시계의 긴바늘과 짧은바늘이 이루는 작은 쪽의 각이 예각, 직각, 둔각 중 어느 것인지 써 보세요.

(1) 9시   ➡ (   )

(2) 3시 30분 ➡ (   )

(3) 5시 15분 ➡ (   )

(4) 2시 50분 ➡ (   )

3-5 □ 안에 예각은 '예', 직각은 '직', 둔각은 '둔'을 써넣으세요.

(1)
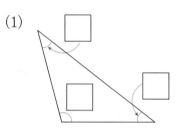

(2)
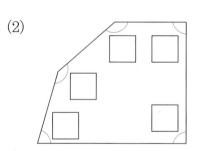

잘 틀려요

3-6 그림에서 찾을 수 있는 예각과 둔각은 각각 몇 개인가요?

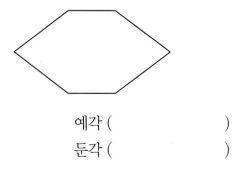

예각 (   )
둔각 (   )

3-7 시계의 긴바늘과 짧은바늘이 이루는 작은 쪽의 각이 예각인지 둔각인지 써 보세요.

(1)

(   )

(2)

(   )

시험에 잘 나와요

3-8 시계의 긴바늘과 짧은바늘이 이루는 작은 쪽의 각이 예각, 직각, 둔각 중 어느 것인지 써 보세요.

(1) 9시   (   )

(2) 6시 10분   (   )

(3) 4시 30분   (   )

3-9 시계의 긴바늘과 짧은바늘이 이루는 작은 쪽의 각이 예각인 것을 모두 찾아 기호를 써 보세요.

⊙ 6시   ⓒ 3시   ⓒ 2시   ⓔ 11시

(   )

3-10 예각과 둔각을 완성해 보세요.

(1)
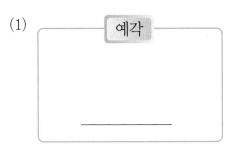

(2)
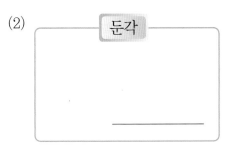

3-11 둔각은 몇 개인가요?

57°   125°   90°   180°   95°

(   )

3-12 예각, 직각, 둔각인 것을 각각 골라 기호를 써넣으세요.

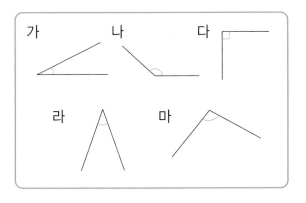

예각	직각	둔각

교과서 개념을 이해하고 확인 문제를 통해 익혀요.

◔ 각도 어림하기

• 각도기를 사용하지 않고 어림하기 쉬운 90°, 180°를 이용하여 주어진 각의 크기를 어림할 수 있습니다.

⑩

➡ 직각인 90°의 반쯤 되어 보이므로 약 45°라고 어림할 수 있습니다.

➡ 잰 각도 : 45°

• 어림한 각도와 잰 각도의 차가 작을수록 잘 어림한 것입니다.

• 직각을 기준으로 얼마나 큰지 작은지를 살펴보고 어림하면 실제 각도에 더 가깝게 어림할 수 있습니다.

◔ 각도의 합과 차

가   나

➡

두 각을 겹치지 않게 놓았습니다.

합

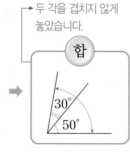

두 각을 겹치게 놓았습니다.

차

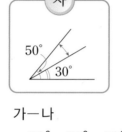

가＋나
＝50°＋30°＝80°
50＋30＝80

가－나
＝50°－30°＝20°
50－30＝20

---

1 개념확인

각도를 어림하고 각도로 재어 보세요.

(1)

어림한 각도: 약 ⬜°

잰 각도: ⬜°

(2)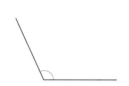

어림한 각도: 약 ⬜°

잰 각도: ⬜°

2 개념확인

두 각도의 합과 차를 구해 보세요.

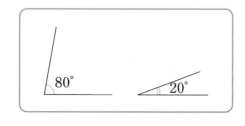

합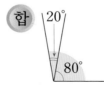

차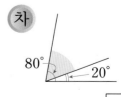

80°＋20°＝⬜°

80°－20°＝⬜°

1 각도를 어림하고 각도기로 재어 보세요.

(1) 어림한 각도: 약 ◻°

재 각도: ◻°

(2) 어림한 각도: 약 ◻°

재 각도: ◻°

2 그림을 보고 ◻ 안에 알맞은 수를 써넣으세요.

(1) 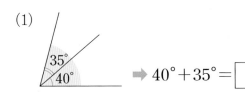 ➡ $40° + 35° = $ ◻°

(2) 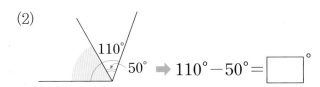 ➡ $110° - 50° = $ ◻°

중요

3 각도의 합과 차를 구해 보세요.

(1) $50° + 60° = $ ◻°

(2) $45° + 80° = $ ◻°

(3) $125° - 45° = $ ◻°

(4) $140° - 95° = $ ◻°

단원 2

♕ 두 각도의 합과 차를 구해 보세요. [4~5]

4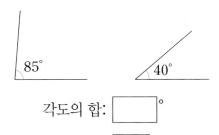

각도의 합: ◻°

각도의 차: ◻°

5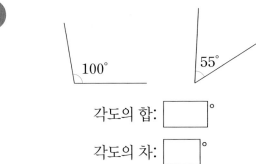

각도의 합: ◻°

각도의 차: ◻°

6 각도기로 각도를 각각 재어 보고, 두 각도의 합과 차를 구해 보세요.

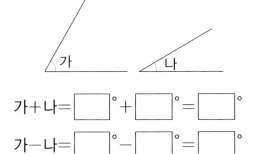

가+나= ◻° + ◻° = ◻°

가−나= ◻° − ◻° = ◻°

삼각형의 세 각의 크기의 합 알아보기

 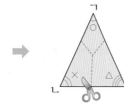 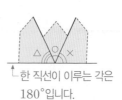

└ 한 직선이 이루는 각은 180°입니다.

삼각형 ㄱㄴㄷ을 잘라 삼각형의 꼭짓점이 한 점에 모이도록 이어 붙여 보면 한 직선 위에 놓이므로 180°입니다.

➡ 삼각형의 세 각의 크기의 합은 180°입니다.

개념잡기

○ 삼각형의 세 각의 크기의 합을 알아보는 다른 방법

① 각도기로 직접 재어 봅니다.

② 종이를 접어 봅니다.

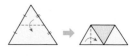

---

1 개념확인

각도기로 삼각형의 세 각의 크기를 각각 재어 그 합을 구해 보세요.

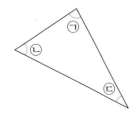

각	㉠	㉡	㉢
잰 각도			

(세 각의 크기의 합)= ☐° + ☐° + ☐°

= ☐°

2 개념확인

삼각형의 세 각의 크기의 합을 종이를 잘라서 구하려고 합니다. ☐ 안에 알맞은 수를 써넣으세요.

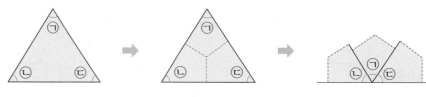

(1) 삼각형의 꼭짓점이 한 점에 모이도록 이어 붙이면 한 직선 위에 놓이고 직선이 이루는 각은 ☐°이므로 ㉠+㉡+㉢= ☐°입니다.

(2) 삼각형의 모양과 크기에 관계없이 삼각형의 세 각의 크기의 합은 ☐°입니다.

기본 문제를 통해 교과서 개념을 다져요.

1 각도기로 삼각형의 세 각의 크기를 각각 재어 그 합을 구해 보세요.

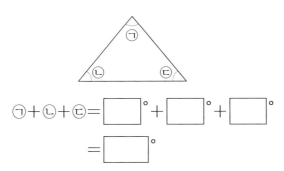

$\bigcirc + \bigcirc + \bigcirc = \boxed{}° + \boxed{}° + \boxed{}°$

$= \boxed{}°$

2 그림과 같이 삼각형을 점선을 따라 접었습니다. □ 안에 알맞은 수를 써넣으세요.

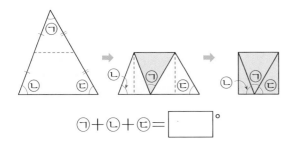

$\bigcirc + \bigcirc + \bigcirc = \boxed{}°$

👑 □ 안에 알맞은 수를 써넣으세요. [3~4]

3

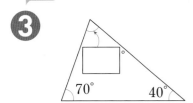

4

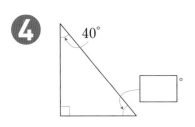

⭐중요
5 삼각형의 두 각의 크기가 다음과 같을 때 나머지 한 각의 크기를 구해 보세요.

> 75°   35°

(   )

👑 도형에서 ㉠과 ㉡의 각도의 합을 구해 보세요.
[6~7]

6

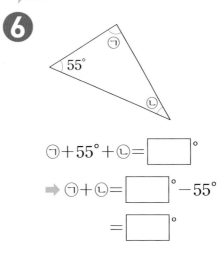

$\bigcirc + 55° + \bigcirc = \boxed{}°$

➡ $\bigcirc + \bigcirc = \boxed{}° - 55°$

$= \boxed{}°$

7

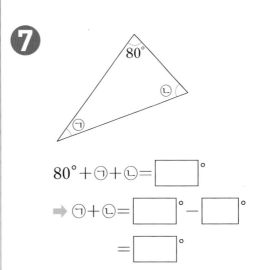

$80° + \bigcirc + \bigcirc = \boxed{}°$

➡ $\bigcirc + \bigcirc = \boxed{}° - \boxed{}°$

$= \boxed{}°$

단원 **2**

사각형의 네 각의 크기의 합 알아보기

  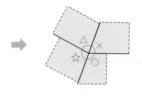

사각형 ㄱㄴㄷㄹ을 잘라 사각형의 꼭짓점이 한 점에 모이도록 이어 붙여 보면 사각형의 네 각의 크기의 합은 원을 한 바퀴 돈 것과 같으므로 360°입니다. ➡ 사각형의 네 각의 크기의 합은 360°입니다.

삼각형을 이용하여 사각형의 네 각의 크기의 합 구하기

(사각형의 네 각의 크기의 합)
=(삼각형의 세 각의 크기의 합)×2
=180°×2=360°

개념잡기

각도기로 직접 재어 사각형의 네 각의 크기의 합이 360°임을 알 수도 있습니다.

[참고] 사각형의 네 각의 크기의 합이 360°이므로 세 각의 크기가 주어지면 나머지 한 각의 크기를 각도의 합과 차를 이용하여 구할 수 있습니다.

개념확인 1

각도기로 사각형의 네 각의 크기를 각각 재어 그 합을 구해 보세요.

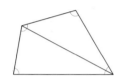

각	㉠	㉡	㉢	㉣
잰 각도				

(네 각의 크기의 합)= ☐° + ☐° + ☐° + ☐°

= ☐°

개념확인 2

오른쪽 그림의 사각형을 삼각형 2개로 나누어 사각형의 네 각의 크기의 합을 구하려고 합니다. ☐ 안에 알맞은 수를 써넣으세요.

(1) 삼각형 ㄱㄴㄹ의 세 각의 크기의 합은 ☐°이고 삼각형 ㄴㄷㄹ의 세 각의 크기의 합은 ☐°입니다.

(2) 사각형 ㄱㄴㄷㄹ의 네 각의 크기의 합은 삼각형 ㄱㄴㄹ의 세 각의 크기의 합과 삼각형 ㄴㄷㄹ의 세 각의 크기의 합을 더한 것과 같습니다.

☐° + ☐° = ☐°

(3) 사각형의 모양과 크기에 관계없이 사각형의 네 각의 크기의 합은 ☐°입니다.

기본 문제를 통해 교과서 개념을 다져요.

1 각도기로 사각형의 네 각의 크기를 각각 재어 그 합을 구해 보세요.

(1)
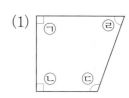

㉠＋㉡＋㉢＋㉣

= ☐° + ☐° + ☐° + ☐°

= ☐°

(2)
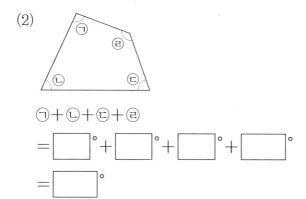

㉠＋㉡＋㉢＋㉣

= ☐° + ☐° + ☐° + ☐°

= ☐°

2 그림을 보고 ☐ 안에 알맞은 수를 써넣으세요.

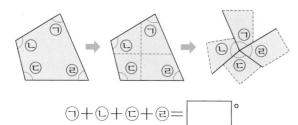

㉠＋㉡＋㉢＋㉣ = ☐°

 중요

3 그림을 보고 ☐ 안에 알맞은 수를 써넣으세요.

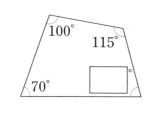

➡ 100° + 70° + ☐° + 115° = 360°

👑 ☐ 안에 알맞은 수를 써넣으세요. [4~6]

4
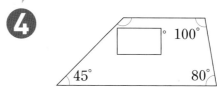

5
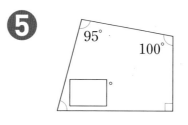

6
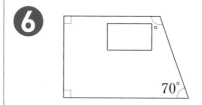

7 세 각의 크기가 다음과 같은 사각형이 있습니다. 나머지 한 각의 크기를 구해 보세요.

(1)
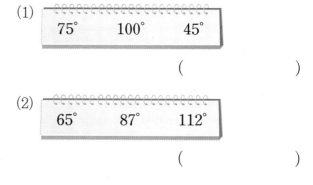

( )

(2)

| 65° | 87° | 112° |

( )

단원 2

유형 **4** 각도를 어림하고 합과 차를 구하기

- 각도기를 사용하지 않고 주어진 각의 크기를 어림합니다.
- 두 각도의 합과 차는 자연수의 덧셈, 뺄셈과 같은 방법으로 계산합니다.
➡ $80° + 30° = 110°$, $80° - 30° = 50°$

4-1 오른쪽 각의 크기를 가장 잘 어림한 사람은 누구인가요?

가영: 90°보다 작으니 약 70°정도 될 것 같아.
예슬: 난 약 40°라고 생각해.
지혜: 각이 많이 작네! 약 30°인 것 같아.

(   )

시험에 잘 나와요

4-2 그림을 보고 □ 안에 알맞은 수를 써넣으세요.

(1)

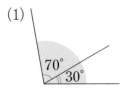

➡ $70° + 30° = \boxed{}°$

(2)

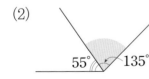

➡ $135° - 55° = \boxed{}°$

4-3 그림을 보고 □ 안에 알맞은 수를 써넣으세요.

(1)

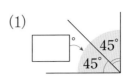

(2)

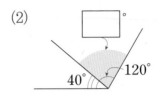

대표유형

4-4 각도의 합과 차를 구해 보세요.

(1) $85° + 60° = \boxed{}°$

(2) $140° - 45° = \boxed{}°$

4-5 두 각도의 합과 차를 구해 보세요.

40°   95°

합 (   )
차 (   )

4-6 □ 안에 알맞은 수를 써넣으세요.

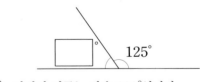

Tip 직선이 이루는 각은 180°입니다.

단원
2

유형 5 삼각형의 세 각의 크기의 합

삼각형의 세 각의 크기의 합은 180°입니다.

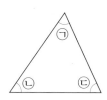

★ + ▲ + ♣ = 180°

5-1 각도기로 삼각형의 세 각의 크기를 각각 재어 보고 그 합을 구해 보세요.

각	㉠	㉡	㉢
잰 각도			

세 각의 크기의 합 (   )

5-2 그림을 보고 □ 안에 알맞은 수를 써넣으세요.

① 삼각형의 세 각을 색칠합니다.

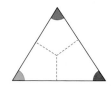

② 삼각형을 잘라 세 꼭짓점이 한 점에 모이 도록 이어 붙여 봅니다.

➡ 삼각형의 세 각의 크기의 합은

□°입니다.

👑 □ 안에 알맞은 수를 써넣으세요. [5-3~5-4]

5-3

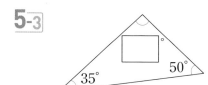

35°   □°   50°

5-4

□°   30°

🚨 잘 틀려요

5-5 삼각형의 각도를 잘못 나타낸 사람은 누구인 가요?

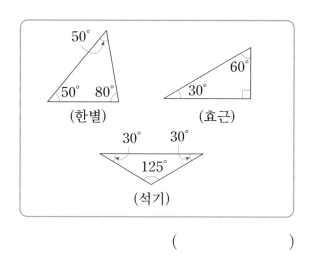

50°
50° 80°
(한별)

60°
30°
(효근)

30°   30°
125°
(석기)

(   )

5-6 삼각형의 두 각의 크기가 각각 80°, 45°일 때 나머지 한 각의 크기를 구해 보세요.

(   )

5-7 ㉠과 ㉡ 중 더 큰 각은 어느 것인가요?

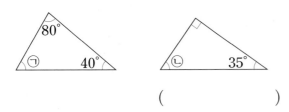

( )

5-8 도형에서 ㉠과 ㉡의 각도의 합을 구해 보세요.

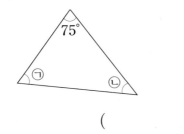

( )

☒ 잘 틀려요

👑 □ 안에 알맞은 수를 써넣으세요. [5-9 ~ 5-10]

5-9

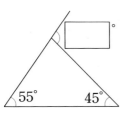

5-10

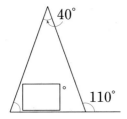

유형 6 사각형의 네 각의 크기의 합

사각형의 네 각의 크기의 합은 360°입니다.

 ⊙ + ▲ + ★ + ♥ = 360°

6-1 각도기로 사각형의 네 각의 크기를 각각 재어 보고 그 합을 구해 보세요.

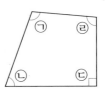

각	㉠	㉡	㉢	㉣
잰 각도				

네 각의 크기의 합 ( )

◀ 대표유형 ▶

6-2 그림을 보고 □ 안에 알맞은 수를 써넣으세요.

① 사각형의 네 각을 색칠합니다.

② 사각형을 잘라 네 꼭짓점이 한 점에 모이도록 이어 붙여 봅니다.

➡ 사각형의 네 각의 크기의 합은

 °입니다.

6-3 □ 안에 알맞은 수를 써넣으세요.

(사각형의 네 각의 크기의 합)

= (삼각형의 세 각의 크기의 합)×2

= □ °×2= □ °

6-4 각자에게 주어진 각도를 이용하여 사각형을 그리려고 합니다. 사각형을 그릴 수 있는 사람은 누구인가요?

> • 영수: 80°, 45°, 115°, 110°
> • 동민: 90°, 150°, 75°, 45°
> • 상연: 30°, 100°, 75°, 75°

( )

👑 □ 안에 알맞은 수를 써넣으세요. [6-5 ~ 6-6]

6-5

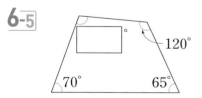

6-6

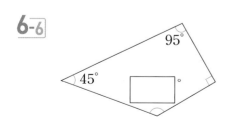

6-7 도형에서 ㉠과 ㉡의 각도의 합을 구하려고 합니다. □ 안에 알맞은 수를 써넣으세요.

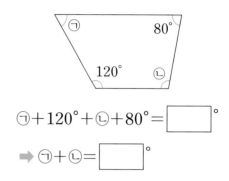

㉠+120°+㉡+80°= □ °

➡ ㉠+㉡= □ °

🎓 시험에 잘 나와요

6-8 세 각의 크기가 다음과 같은 사각형이 있습니다. 나머지 한 각의 크기를 구해 보세요.

> 65°   100°   80°

( )

👑 □ 안에 알맞은 수를 써넣으세요. [6-9 ~ 6-10]

6-9

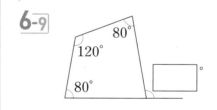

6-10

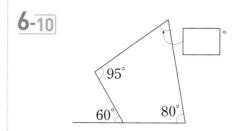

1 각이 가장 큰 것부터 차례로 □ 안에 번호를 써넣으세요.

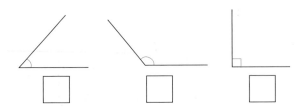

2 가장 큰 각부터 차례로 기호를 써 보세요.

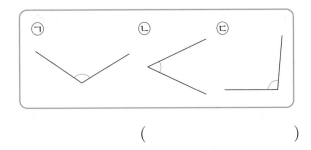

( )

3 보기 의 각보다 큰 각, 작은 각을 각각 그려 보세요.

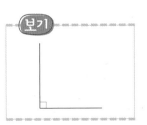

큰 각

작은 각

4 삼각형의 세 각 중에서 가장 작은 각을 찾아 기호를 써 보세요.

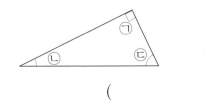

( )

5 그림을 보고 물음에 답해 보세요.

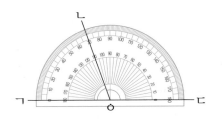

(1) 각 ㄱㅇㄴ의 크기를 구해 보세요.

( )

(2) 각 ㄴㅇㄷ의 크기를 구해 보세요.

( )

6 각도기로 블록의 각도를 재어 보세요.

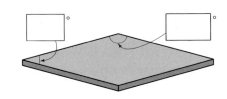

7 각도기로 우리 주변에서 볼 수 있는 각의 크기를 재어 보세요.

8 각도기로 ㉮와 ㉯의 각도를 각각 재어 보세요.

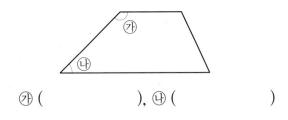

㉮ ( ), ㉯ ( )

9 삼각형에서 가장 큰 각과 가장 작은 각의 크기를 각각 재어 보세요.

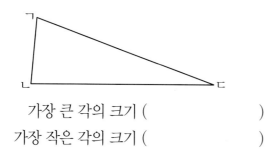

가장 큰 각의 크기 (   )

가장 작은 각의 크기 (   )

10 두 젓가락이 이루는 각도가 예각인 것을 모두 찾아 기호를 써 보세요.

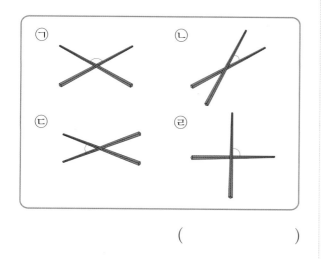

(   )

11 주어진 점 중 3개의 점을 연결하여 예각과 둔각을 하나씩 그려 보세요.

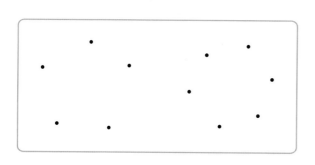

12 색종이를 한 번 접어서 만들어진 각의 크기를 재어 보세요.

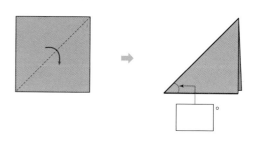

단원
2

13 관계있는 것끼리 선으로 이어 보세요.

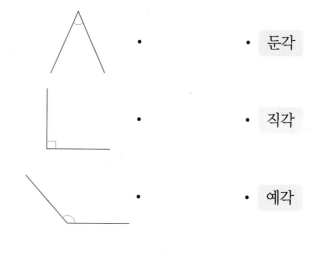

· 둔각

· 직각

· 예각

14 예각과 둔각은 각각 몇 개인가요?

| 50° | 120° | 75° |
| 115° | 95° | 100° |

예각 (   )

둔각 (   )

15 시각에 맞게 시곗바늘을 그리고 긴바늘과 짧은바늘이 이루는 작은 쪽의 각이 예각, 직각, 둔각 중 어느 것인지 □ 안에 써넣으세요.

1시 30분

👑 그림을 보고 물음에 답해 보세요. [16~17]

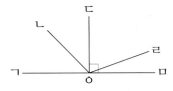

16 그림에서 찾을 수 있는 예각은 모두 몇 개인가요?

( )

17 그림에서 찾을 수 있는 둔각은 모두 몇 개인가요?

( )

18 지혜가 프리즘을 사용하여 재미있는 놀이를 하고 있습니다. 빛이 135°의 각도로 굴절했다면 굴절한 빛의 각도는 예각인지 둔각인지 써 보세요.

( )

19 그림을 보고 물음에 답해 보세요.

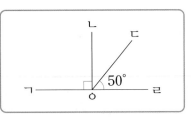

(1) 각 ㄴㅇㄷ의 크기는 몇 도인가요?

( )

(2) 각 ㄱㅇㄷ의 크기는 몇 도인가요?

( )

20 각의 크기를 비교하여 ○ 안에 >, =, <를 알맞게 써넣으세요.

$95° + 25°$ ◯ $165° - 40°$

21 각도가 가장 큰 것부터 차례로 기호를 써 보세요.

㉠ $15° + 95°$ ㉡ $160° - 35°$
㉢ $30° +$ 직각   ㉣ $180° - 50°$

( )

22 각도기로 가장 큰 각과 가장 작은 각을 찾아 두 각도의 합을 구해 보세요.

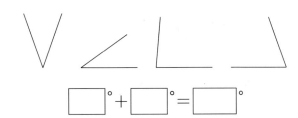

□ ° + □ ° = □ °

23 □ 안에 알맞은 수를 써넣으세요.

(1) $105° + \boxed{}° = 150°$

(2) $\boxed{}° - 75° = 90°$

24 ㉠에 알맞은 각도를 구해 보세요.

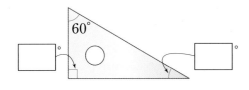

(　　　　　)

25 □ 안에 알맞은 수를 써넣으세요.

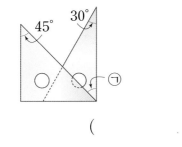

26 두 삼각자를 겹쳐 놓았습니다. ㉠의 각도를 구해 보세요.

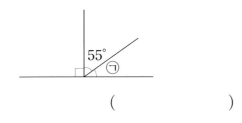

(　　　　　)

27 ㉠과 ㉡의 각도의 합을 구해 보세요.

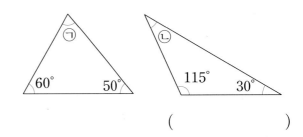

(　　　　　)

28 □ 안에 알맞은 수를 써넣으세요.

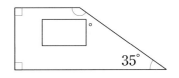

29 □ 안에 알맞은 수를 써넣으세요.

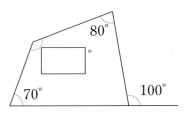

30 도형에서 ㉠과 ㉡의 각도의 합을 구해 보세요.

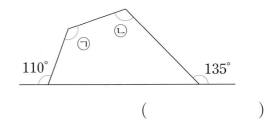

(　　　　　)

1 그림을 보고 ㉠은 몇 도인지 풀이 과정을 쓰고 답을 구해 보세요.

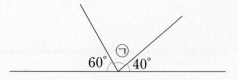

(✏️ 풀이) 직선이 이루는 각은 [ ]°이고

$60° + 40° =$ [ ]°입니다.

따라서 [ ]°에서 두 각도의 합을 빼면

㉠ = [ ]° − [ ]° = [ ]°입니다.

(🧩답) _____ [ ]°

2 가장 큰 각도와 가장 작은 각도의 합은 얼마인지 풀이 과정을 쓰고 답을 구해 보세요.

> 75°   100°   60°   115°

(✏️ 풀이) 가장 큰 각도는 [ ]°이고,

가장 작은 각도는 [ ]°입니다.

따라서 가장 큰 각도와 가장 작은 각도의

합은 [ ]° + [ ]° = [ ]°입니다.

(🧩답) _____ [ ]°

1-1 그림을 보고 ㉠은 몇 도인지 풀이 과정을 쓰고 답을 구해 보세요.

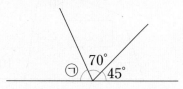

(✏️ 풀이)

_____

_____

_____

_____

(🧩답) _____

2-1 가장 큰 각도와 가장 작은 각도의 차는 얼마인지 풀이 과정을 쓰고 답을 구해 보세요.

> 45°   120°   90°   150°

(✏️ 풀이)

_____

_____

_____

(🧩답) _____

3 가영이가 삼각형의 세 각의 크기를 잘못 재었습니다. 가영이가 잰 각의 크기를 보고 잘못 잰 이유를 써 보세요.

$$65° \quad 20° \quad 100°$$

✏️ **이유** 가영이가 잰 삼각형의 세 각의 크기의 합을 구하면

$65° +$ ☐ $° +$ ☐ $° =$ ☐ $°$입니다.

삼각형의 세 각의 크기의 합은 180°인데 ☐ $°$가 되었으므로 삼각형의 세 각의 크기를 잘못 재었습니다.

3-1 동민이가 사각형의 네 각의 크기를 잘못 재었습니다. 동민이가 잰 각의 크기를 보고 잘못 잰 이유를 써 보세요.

$$40° \quad 100° \quad 120° \quad 90°$$

✏️ **이유**

_____

_____

_____

_____

4 그림을 보고 ㉠은 몇 도인지 풀이 과정을 쓰고 답을 구해 보세요.

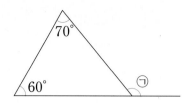

✏️ **풀이** 삼각형에서 세 각의 크기의 합은 ☐ $°$이므로 나머지 한 각의 크기는

☐ $° - 70° - 60° =$ ☐ $°$입니다.

직선이 이루는 각의 크기가 ☐ $°$이므로

㉠ $=$ ☐ $° -$ ☐ $° =$ ☐ $°$입니다.

🧩 **답** ☐ $°$

4-1 그림을 보고 ㉠은 몇 도인지 풀이 과정을 쓰고 답을 구해 보세요.

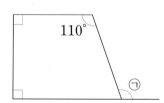

✏️ **풀이**

_____

_____

_____

_____

🧩 **답** _____

2단원 단원 평가

1 □ 안에 알맞게 써넣으세요.

> 직각의 크기를 똑같이 90으로 나눈 것 중 하
>
> 나를 [ ]라 하고, [ ]라고 씁니다.

2 가장 작은 각은 어느 것인가요? (   )

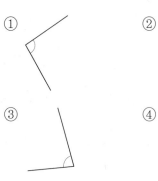

① ②

③ ④

⑤

3 각의 크기를 바르게 잰 것은 어느 것인가요?

(   )

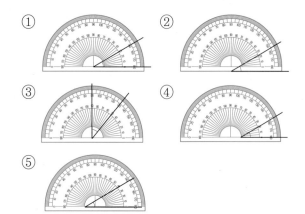

① ②

③ ④

⑤

👑 각도기로 각도를 재어 보세요. [4~5]

4

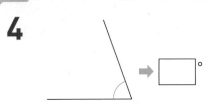 → [   ]°

5

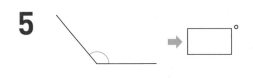 → [   ]°

6 각도기로 도형의 각도를 재어 □ 안에 알맞은 수를 써넣으세요.

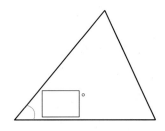

7 사각형에서 가장 큰 각의 크기를 재어 보세요.

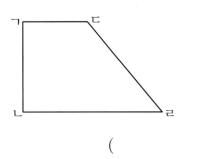

(   )

그림을 보고 물음에 답해 보세요. [8~9]

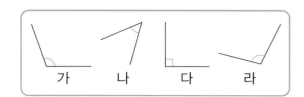

8 예각을 찾아 기호를 써 보세요.

( )

9 둔각을 모두 찾아 기호를 써 보세요.

( )

10 주어진 선분을 이용하여 예각을 그려 보세요.

11 주어진 선분을 이용하여 둔각을 그려 보세요.

12 시계의 긴바늘과 짧은바늘이 이루는 작은 쪽의 각이 둔각인 것은 어느 것인가요?

( )

① 1시 20분   ② 2시 10분
③ 11시 20분   ④ 6시 25분
⑤ 9시 40분

13 각도를 어림하고 각도기로 재어 보세요.

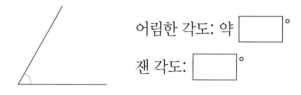

어림한 각도: 약 [   ]°

잰 각도: [   ]°

14 각도의 합과 차를 구해 보세요.

(1) $55° + 70° = $ [   ]°

(2) $105° - 50° = $ [   ]°

15 □ 안에 알맞은 수를 써넣으세요.

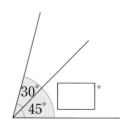

16 □ 안에 알맞은 수를 써넣으세요.

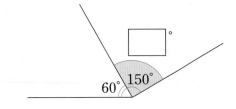

17 각도가 같은 것끼리 선으로 이어 보세요.

80°+85°	•	•	145°
115°+95°	•	•	165°
180°-35°	•	•	210°

18 각도가 가장 큰 것은 어느 것인가요?

(   )

① 직각   ② 150°
③ 90°+80°   ④ 175°-30°
⑤ 85°+100°

19 □ 안에 알맞은 수를 써넣으세요.

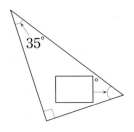

20 □ 안에 알맞은 수를 써넣으세요.

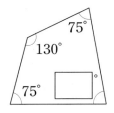

21 □ 안에 알맞은 수를 써넣으세요.

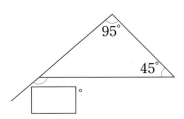

22 계산 결과가 예각인 것은 어느 것인지 풀이
과정을 쓰고 답을 구해 보세요.

㉠ 45°+35°   ㉡ 150°−55°

풀이

답

23 도형에서 ㉠의 크기는 몇 도인지 풀이 과정을
쓰고 답을 구해 보세요.

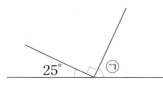

풀이

답

24 오른쪽 사각형의 네 각의
크기의 합이 왜 360°인지
여러 가지 방법으로 설명
해 보세요.

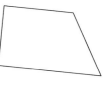

설명

25 도형에서 ㉠과 ㉡의 각도의 차는 얼마인지 풀
이 과정을 쓰고 답을 구해 보세요..

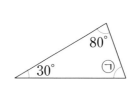

풀이

답

👑 두 삼각자를 이어 붙이거나 겹쳐서 만들 수 있는 각도 중에서 가장 큰 각과 가장 작은 각을 구하려고 합니다. 물음에 답해 보세요. [1~3]

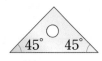
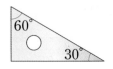

① 두 삼각자를 겹치지 않고 이어 붙여 만들 수 있는 각도를 가장 큰 각도부터 3개만 써 보세요.

(   )

② 두 삼각자를 겹쳐서 만들 수 있는 90°보다 작은 각도를 가장 작은 각도부터 3개만 써 보세요.

(   )

③ 두 삼각자를 이어 붙이거나 겹쳐서 만들 수 있는 각도 중에서 가장 큰 각과 가장 작은 각을 구해 보세요.

가장 큰 각 (   )

가장 작은 각 (   )

예식이와 둔식이

예식이와 둔식이는 이란성 쌍둥이예요.

예식이의 눈에는 늘 예각만 보이고, 둔식이의 눈에는 늘 둔각만 보여서 얻어진 별명이에요.

이웃집 지붕을 바라보아도 예식이의 눈에는 예각만, 둔식이의 눈에는 둔각만 보이는 거죠.

그리고는 지붕은 예각이 있어서 멋지다는 둥, 아니다 둔각이 있으니까 든든하다는 둥 다투기 일쑤예요.

나무 위에 참새들이 앉아서 재재대면 나무와 나뭇가지가 예각을 만들어서 참새가 떨어지지 않는다는 둥, 둔각이기 때문에 그렇다는 둥 또 다투지요.

듣고 있던 참새가 재재거리면서

"우린 예각이든 둔각이든 상관없이 어디나 앉아. 싸우지들 마!"

하고 휘익 날아갔지만 쌍둥이들의 말다툼은 그치질 않아요.

나뭇가지들은 예각을 이룬 것이 더 많다는 둥, 그런 소리 말아라 둔각을 이루어야 더 멋지다는 둥. 듣고 있던 느티나무가 껄껄 웃으면서 우리가 가지를 뻗는 건 멋지라고 뻗는 것이 아니라 더 많은 햇빛을 만나려고 뻗는 것이니 다투지 말라고 해도 여전히 투덜대며 예각이다, 둔각이다 그치질 않아요.

저녁 먹을 시간이 다 되어 예식이와 둔식이는 집으로 돌아왔어요.

"너희들 얼른 와서 밥 먹어!"

시계가 정각 6시를 가리킬 때 엄마가 소리치셨어요.

"난 시곗바늘이 둔각이 되면 갈 거야."

하고 둔식이가 6시 1분이 되자 벌떡 일어나 식탁으로 달려갔어요.

"난 예각이 될 때까지 기다렸다가 밥 먹을 거야!"

하고는 10분이 지나도록 밥 먹을 생각을 안 해요.

그날 예식이는 다 식은 밥과 식은 국을 먹으면서 시곗바늘을 원망했답니다.

🐰 예각과 둔각을 나누는 기준은 어떤 각인가요?

단원 **3** 곱셈과 나눗셈

이번에 배울 내용

1 (세 자리 수)×(몇십)

2 (세 자리 수)×(두 자리 수)

3 몇십으로 나누기

4 몇십몇으로 나누기 (1)

5 몇십몇으로 나누기 (2)

6 몇십몇으로 나누기 (3)

7 어림셈으로 문제 해결하기

이전에 배운 내용

• (세 자리 수)×(한 자리 수)
• (두 자리 수)×(두 자리 수)
• (두 자리 수)÷(한 자리 수)
• (세 자리 수)÷(한 자리 수)

다음에 배울 내용

• (분수)×(자연수), (자연수)×(분수)
• (분수)×(분수)

↻ (세 자리 수)×(몇십)

• 130×30의 계산

$130 \times 3 = 390$
$130 \times 30 = 3900$ ⎤ 10배

$$\begin{array}{r} 130 \\ \times \quad 3 \\ \hline 390 \end{array} \qquad \begin{array}{r} 130 \\ \times \quad 30 \\ \hline 3900 \end{array}$$

10배

• 127×20의 계산

$127 \times 2 = 254$
$127 \times 20 = 2540$ ⎤ 10배

$$\begin{array}{r} 127 \\ \times \quad 2 \\ \hline 254 \end{array} \qquad \begin{array}{r} 127 \\ \times \quad 20 \\ \hline 2540 \end{array}$$

10배

개념잡기

↻ (몇백)×(몇십)을 계산할 때는 (몇)×(몇)의 값에 두 수의 0의 개수만큼 0을 붙입니다.

0이 3개
$$200 \times 30 = 6000$$

↻ (세 자리 수)×(몇십)은 (세 자리 수)×(몇)을 계산한 후 0을 1개 붙입니다.

---

1 개념확인

표와 빈칸을 채워 보고 135×20의 값을 구해 보세요.

	천의 자리	백의 자리	십의 자리	일의 자리		계산 결과
135×1		1	3	5	⇒	135
135×2					⇒	
135×2의 10배					⇒	

$$135 \times 20 = \boxed{}$$

---

2 개념확인

(세 자리 수)×(몇십)을 계산하는 방법을 알아보려고 합니다. □ 안에 알맞은 수를 써넣으세요.

(1)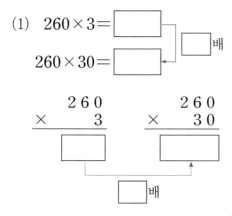

(2)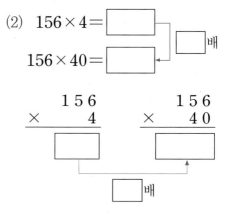

2단계 핵심 쏙쏙

기본 문제를 통해 교과서 개념을 다져요.

1 □ 안에 알맞은 수를 써넣으세요.

(1) $600 \times 30 = 18$ [ ]

0이 [ ]개

(2) $50 \times 700 = 35$ [ ]

0이 [ ]개

2 □ 안에 알맞은 수를 써넣으세요.

(1) $420 \times 60 =$ [ ]0

$420 \times 6 =$ [ ]

(2) $719 \times 50 =$ [ ]0

$719 \times 5 =$ [ ]

3 □ 안에 알맞은 수를 써넣으세요.

$584 \times 30 =$ [ ]0

$584 \times$ [ ] $=$ [ ]

$$\begin{array}{r} 584 \\ \times\ \ 30 \\ \hline 0 \end{array}$$

4 □ 안에 알맞은 수를 써넣으세요.

$132 \times 40 = 132 \times$ [ ] $\times 10$

$=$ [ ] $\times 10$

$=$ [ ]

5 계산해 보세요.

(1) 300×40

(2) 250×20

(3) $$\begin{array}{r} 125 \\ \times\ \ 30 \\ \hline \end{array}$$

(4) $$\begin{array}{r} 257 \\ \times\ \ 20 \\ \hline \end{array}$$

6 빈 곳에 알맞은 수를 써넣으세요.

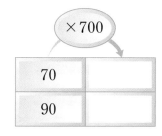

×700	
70	
90	

7 계산 결과에 맞도록 선으로 이어 보세요.

400×40 •	• 16000
350×40 •	• 24000
40×600 •	• 14000

8 귤이 한 상자에 150개씩 들어 있습니다. 30상자에 들어 있는 귤은 모두 몇 개인가요?

식 _____

답 _____

단원 3

(세 자리 수)×(두 자리 수)

• 150×23의 계산

| 150 | 150 | 150 |

➡ $150 \times 3 = 450$

| 150 | 150 | 150 | 150 | 150 | 150 | 150 | 150 | 150 | 150 |
| 150 | 150 | 150 | 150 | 150 | 150 | 150 | 150 | 150 | 150 |

➡ $150 \times 20 = 3000$

$$150 \times 23 = 150 \times 3 + 150 \times 20$$
$$= 450 + 3000 = 3450$$

• 246×25의 계산

$$
\begin{array}{r}
246 \\
\times\ 25 \\
\hline
\end{array}
\Rightarrow
\begin{array}{r}
246 \\
\times\ \ \ 5 \\
\hline
1230 \\
\end{array}
\quad
\begin{array}{r}
246 \\
\times\ 20 \\
\hline
4920 \\
\end{array}
\Rightarrow
\begin{array}{r}
246 \\
\times\ 25 \\
\hline
1230 \\
4920 \\
\hline
6150 \\
\end{array}
$$

---

1 개념확인

□ 안에 알맞은 수를 써넣으세요.

$$282 \times 34 = 282 \times \boxed{} + 282 \times 30$$
$$= \boxed{} + \boxed{}$$
$$= \boxed{}$$

2 개념확인

□ 안에 알맞은 수를 써넣으세요.

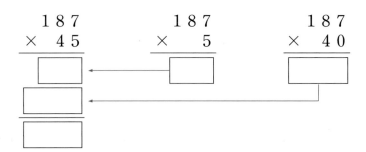

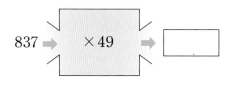

기본 문제를 통해 교과서 개념을 다져요.

1 □ 안에 알맞은 수를 써넣으세요.

$$715 \times 12 = 715 \times 2 + 715 \times \boxed{}$$
$$= 1430 + \boxed{}$$
$$= \boxed{}$$

2 □ 안에 알맞은 수를 써넣으세요.

(1)
```
    1 0 7
  ×   2 5
  ┌─────┐
  └─────┘
  ┌─────┐
  └─────┘
  ┌─────┐
  └─────┘
```

(2)
```
    2 1 3
  ×   4 2
  ┌─────┐
  └─────┘
  ┌─────┐
  └─────┘
  ┌─────┐
  └─────┘
```

3 □ 안에 알맞은 곱셈식을 써넣으세요.

```
      4 3 5
  ×    4 6
  ─────────
    2 6 1 0  ←  ┌─────────┐
              └─────────┘
  1 7 4 0 0  ←  ┌─────────┐
              └─────────┘
  2 0 0 1 0
```

4 계산해 보세요.

(1) 357×42

(2) 518×71

5 빈칸에 알맞은 수를 써넣으세요.

$$837 \Rightarrow \boxed{\times 49} \Rightarrow \boxed{}$$

6 빈 곳에 두 수의 곱을 써넣으세요.

612	25

7 ○ 안에 >, =, <를 알맞게 써넣으세요.

$$329 \times 30 \bigcirc 415 \times 22$$

8 석기는 문구점에서 한 개에 450원인 지우개를 12개 샀습니다. 석기가 산 지우개의 가격은 모두 얼마인가요?

식 _____

답 _____

다양한 기본 유형 문제를 통해 실력을 탄탄히 다져요.

유형 **1** (세 자리 수)×(몇십)

(세 자리 수)×(몇십)은 (세 자리 수)×(몇)을 계산한 후 0을 1개 붙입니다.

$$135 \times 2 = 270$$
$$135 \times 20 = 2700$$ 10배

대표유형

1-1 □ 안에 알맞은 수를 써넣으세요.

(1) $312 \times 50 = \boxed{}0$

$312 \times \boxed{} = \boxed{}$

(2) $854 \times 30 = \boxed{}0$

$854 \times \boxed{} = \boxed{}$

1-2 계산해 보세요.

(1) 900×80 (2) 460×70

(3) $\begin{array}{r} 652 \\ \times 30 \\ \hline \end{array}$ (4) $\begin{array}{r} 725 \\ \times 40 \\ \hline \end{array}$

1-3 빈 곳에 알맞은 수를 써넣으세요.

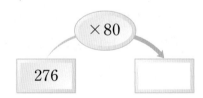

$\times 80$

276

1-4 ○ 안에 >, =, <를 알맞게 써넣으세요.

$365 \times 30 \bigcirc 297 \times 40$

1-5 곱에서 0의 개수가 가장 많은 것의 기호를 써 보세요.

㉠ 30×500 ㉡ 30×420
㉢ 400×50 ㉣ 800×20

(   )

1-6 관계있는 것끼리 선으로 이어 보세요.

30×800 ·   · 900×40

600×20 ·   · 400×60

60×600 ·   · 30×400

1-7 숫자 카드를 모두 사용하여 곱이 가장 큰 (세 자리 수)×(몇십)을 만들고 계산해 보세요.

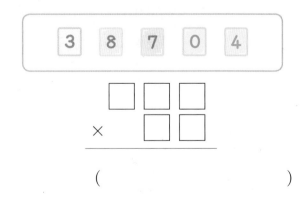

$3 \quad 8 \quad 7 \quad 0 \quad 4$

$\begin{array}{r} \boxed{}\boxed{}\boxed{} \\ \times \boxed{}\boxed{} \\ \hline \end{array}$

(   )

1-8 계산 결과가 나머지와 <u>다른</u> 하나는 어느 것인 가요? (   )

① 900 × 20   ② 450 × 40
③ 225 × 80   ④ 350 × 50
⑤ 300 × 60

1-9 계산 결과가 가장 큰 것부터 차례대로 기호를 써 보세요.

> ㉠ 600 × 70   ㉡ 580 × 80
> ㉢ 720 × 50   ㉣ 745 × 40

(   )

1-10 □ 안에 넣을 수 있는 자연수 중 가장 큰 수를 구해 보세요.

> □ × 30 < 12000

(   )

1-11 하루 동안 900 km를 달리는 기차가 있습니다. 이 기차가 50일 동안 달리면 모두 몇 km를 달리게 되나요?

(식)

(답)

1-12 한 상자에 117개씩 들어 있는 장난감이 30 상자 있습니다. 장난감은 모두 몇 개인가요?

(식)

(답)

1-13 상연이네 반 학생 20명이 선생님과 함께 박물관에 갔습니다. 박물관의 입장료는 어른은 1인당 900원, 어린이는 1인당 450원이라고 할 때, 입장료는 모두 얼마인가요?

(   )

유형 2 (세 자리 수)×(두 자리 수)

• 123×32의 계산

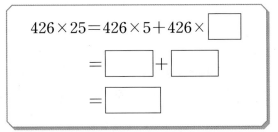

$$
\begin{array}{r}
123 \\
\times\ 32 \\
\end{array}
\Rightarrow
\begin{array}{r}
1\,2\,3 \\
\times\quad 3\,2 \\
\hline
2\,4\,6 \\
3\,6\,9\,0 \\
\hline
3\,9\,3\,6 \\
\end{array}
$$

2-1 □ 안에 알맞은 수를 써넣으세요.

$$426 \times 25 = 426 \times 5 + 426 \times \boxed{}$$
$$= \boxed{} + \boxed{}$$
$$= \boxed{}$$

2-2 □ 안에 알맞은 수를 써넣으세요.

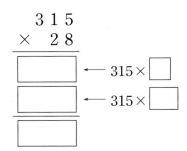

$$
\begin{array}{r}
3\,1\,5 \\
\times\quad 2\,8 \\
\hline
\end{array}
$$

$\boxed{}$ ← 315 × □

$\boxed{}$ ← 315 × □

$\boxed{}$

대표유형

2-3 계산해 보세요.

(1) 187 × 32   (2) 240 × 46

(3) $\begin{array}{r} 360 \\ \times\ 35 \\ \end{array}$ (4) $\begin{array}{r} 512 \\ \times\ 37 \\ \end{array}$

2-4 어느 학교에서 285명이 우유 급식을 합니다. 18일 동안 학생들이 마신 우유는 모두 몇 개인가요?

식 _____

답 _____

2-5 방울토마토를 한 상자에 248개씩 35상자에 담았습니다. 상자에 담은 방울토마토는 모두 몇 개인가요?

식 _____

답 _____

2-6 329×47의 계산 과정 중의 일부입니다. 329×4=1316에서 6은 어느 자리에 놓여야 하는지 기호를 써 보세요.

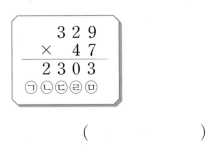

$$
\begin{array}{r}
3\,2\,9 \\
\times\quad 4\,7 \\
\hline
2\,3\,0\,3 \\
\end{array}
$$

㉠ ㉡ ㉢ ㉣ ㉤

(   )

2-7 빈 곳에 알맞은 수를 써넣으세요.

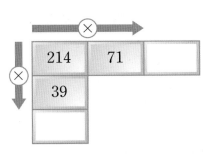

⊗		
214	71	
39		

2-8 잘못 계산한 곳을 찾아 바르게 고쳐 보세요.

$$\begin{array}{r} 508 \\ \times\ 42 \\ \hline 1016 \\ 2032 \\ \hline 3048 \end{array}$$

→

2-9 가장 큰 수와 가장 작은 수의 곱을 구해 보세요.

$$608 \quad 24 \quad 93$$

( )

2-10 두 곱셈식을 이용하여 647×39의 곱을 구해 보세요.

$$647 \times 3 = 1941, \ 647 \times 9 = 5823$$

( )

2-11 가영이네 반 학생 22명은 각자 매일 2 L의 물을 절약하기로 약속했습니다. 모든 어린이가 약속을 지킨다면 1년 동안 절약한 물의 양은 모두 몇 L인가요? (단, 1년은 365일로 계산합니다.)

( )

가 상자에서 공 3개를 골라 세 자리 수를 만들고, 나 상자에서 공 2개를 골라 두 자리 수를 만들어 (세 자리 수)×(두 자리 수)의 곱셈식을 만들려고 합니다. 물음에 답해 보세요. [2-12~2-13]

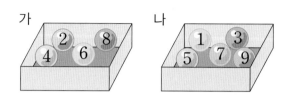

2-12 계산 결과가 가장 큰 수가 나오는 곱셈식을 만들어 보세요.

2-13 계산 결과가 가장 작은 수가 나오는 곱셈식을 만들어 보세요.

□ × □ = □

2-14 유승이네 괘종시계는 매시간 정각에 종을 울립니다. 1시에는 1번, 2시에는 2번, 3시에는 3번, …, 12시에는 12번의 종이 울리고, 매시간 30분마다 1번의 종이 울립니다. 5월 한 달 동안에 울린 종소리는 모두 몇 번인가요?

( )

2-15 예슬이는 1분 동안 뛴 맥박 수를 세어 보았습니다. 1분 동안 뛴 맥박 수가 85번이라면 12시간 동안 뛴 맥박 수는 몇 번인가요?

( )

나머지가 없는 (세 자리 수)÷(몇십)

$$360 \div 60 = 6$$
$$36 \div 6 = 6$$

$$\begin{array}{r} 6 \leftarrow 몫 \\ 60{\overline{\smash{\big)}\,360}} \\ \underline{360} \\ 0 \end{array}$$

➡ $360 \div 60$의 몫은 $36 \div 6$의 몫과 같습니다.

나머지가 있는 (세 자리 수)÷(몇십)

$$70 \times 2 = 140$$
$$70 \times 3 = 210$$
$$70 \times 4 = 280$$

$$\begin{array}{r} 3 \leftarrow 몫 \\ 70{\overline{\smash{\big)}\,215}} \\ \underline{210} \\ 5 \leftarrow 나머지 \end{array}$$

$$215 \div 70 = 3 \cdots 5$$

확인 $70 \times 3 = 210$,
$$210 + 5 = 215$$

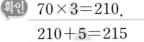

개념잡기

$360 \div 60 = 6$
→ 10씩 6묶음
→ 10씩 36묶음

➡ $36 \div 6 = 6$

확인

(나누는 수)×(몫)+(나머지)
=(나눌 수)

주의 나머지는 나누는 수보다 반드시 작아야 합니다.

---

1 개념확인

수 모형을 이용하여 $140 \div 20$을 계산하려고 합니다. □ 안에 알맞은 수를 써넣으세요.

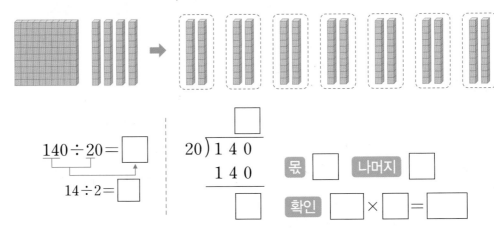

$$140 \div 20 = \boxed{}$$
$$14 \div 2 = \boxed{}$$

$$\begin{array}{r} \boxed{} \\ 20{\overline{\smash{\big)}\,140}} \\ \underline{140} \\ \boxed{} \end{array}$$

몫 $\boxed{}$ 나머지 $\boxed{}$

확인 $\boxed{} \times \boxed{} = \boxed{}$

2 개념확인

$243 \div 60$을 계산하려고 합니다. □ 안에 알맞은 수를 써넣으세요.

(1) 243을 240으로 생각하여 $240 \div 60 = \boxed{}$로 어림할 수 있습니다.

(2) $60 \times \boxed{} = 240$이므로 $243 \div 60$은 60씩 $\boxed{}$번 덜어 내고 $\boxed{}$이 남습니다.

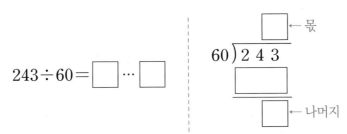

$$243 \div 60 = \boxed{} \cdots \boxed{}$$

$$\begin{array}{r} \boxed{} \leftarrow 몫 \\ 60{\overline{\smash{\big)}\,243}} \\ \boxed{} \\ \boxed{} \leftarrow 나머지 \end{array}$$

(3) 계산 결과가 맞는지 확인해 보면 $60 \times \boxed{} = \boxed{}$, $\boxed{} + \boxed{} = 243$입니다.

1 수 모형을 사용하여 160÷20을 계산해 보세요.

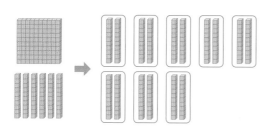

(1) 모형 16개를 2개씩 묶으면 □ 묶음입니다.

(2) 160÷20을 계산하려고 합니다. □ 안에 알맞은 수를 써넣으세요.

$$160 \div 20 = \boxed{}$$

$$16 \div 2 = \boxed{}$$

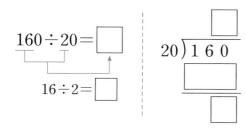

2 □ 안에 알맞은 수를 써넣으세요.

(1) $150 \div 50 = \boxed{}$

$15 \div 5 = \boxed{}$

(2) $490 \div 70 = \boxed{}$

$49 \div 7 = \boxed{}$

3 □ 안에 알맞은 수를 써넣으세요.

(1)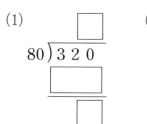

(2)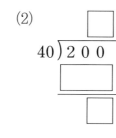

4 몫이 같은 것끼리 선으로 이어 보세요.

(280÷40) •   • (420÷70)

(480÷60) •   • (240÷30)

(300÷50) •   • (350÷50)

단원 **3**

 중요

5 □ 안에 알맞은 수를 써넣고 계산 결과가 맞는지 확인해 보세요.

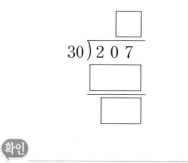

확인 _____

6 보기 와 같이 나눗셈을 하고 계산 결과가 맞는지 확인해 보세요.

보기

$291 \div 30 = 9 \cdots 21$

확인 $30 \times 9 = 270$,
$270 + 21 = 291$

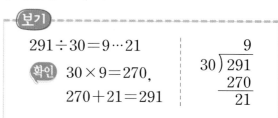

$423 \div 80 = \boxed{} \cdots \boxed{}$

확인 $80 \times \boxed{} = \boxed{}$,

$\boxed{} + \boxed{} = 423$

4. 몇십몇으로 나누기 (1)

교과서 개념을 이해하고 확인 문제를 통해 익혀요.

몫이 한 자리 수인 (두 자리 수)÷(두 자리 수)

• 48÷12의 계산

12×2=24
12×3=36
12×4=48

$$\begin{array}{r} 4 \\ 12\overline{)48} \\ 48 \\ \hline 0 \end{array}$$

확인 12×4=48

• 65÷16의 계산

16×3=48
16×4=64
16×5=80

$$\begin{array}{r} 4 \\ 16\overline{)65} \\ 64 \\ \hline 1 \end{array}$$

확인 16×4=64, 64+1=65

몫이 한 자리 수인 (세 자리 수)÷(두 자리 수)

• 135÷27의 계산

27×3=81
27×4=108
27×5=135

$$\begin{array}{r} 5 \\ 27\overline{)135} \\ 135 \\ \hline 0 \end{array}$$

확인 27×5=135

• 162÷52의 계산

52×2=104
52×3=156
52×4=208

$$\begin{array}{r} 3 \\ 52\overline{)162} \\ 156 \\ \hline 6 \end{array}$$

확인 52×3=156, 156+6=162

개념잡기

- 나누는 수와 몫의 곱이 나뉠 수보다 작으면서 가장 가까운 수가 되도록 몫을 정합니다.
- (세 자리 수)÷(두 자리 수)에서 나뉠 수의 왼쪽 두 자리 수가 나누는 수보다 작으면 몫은 한 자리 수입니다.

---

1 개념확인 70÷14를 계산하려고 합니다. □ 안에 알맞은 수를 써넣으세요.

14×3=42
14×4=□
14×5=□

$$\begin{array}{r} \square \leftarrow \text{몫} \\ 14\overline{)7\ 0} \\ \square \\ \hline 0 \end{array}$$

확인 14×□=70

2 개념확인 179÷25를 계산하려고 합니다. □ 안에 알맞은 수를 써넣으세요.

25×6=150
25×7=□
25×8=□

$$\begin{array}{r} \square \leftarrow \text{몫} \\ 25\overline{)1\ 7\ 9} \\ \square \\ \hline \square \leftarrow \text{나머지} \end{array}$$

확인 25×□=□, □+□=179

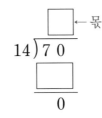

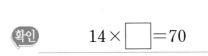

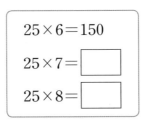

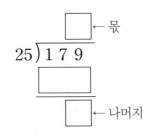

기본 문제를 통해 교과서 개념을 다져요.

1 □ 안에 알맞은 수를 써넣으세요.

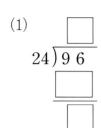

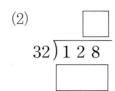

 계산을 하고 계산 결과가 맞는지 확인해 보세요.

[2~3]

2

확인 _____

3

$17)\overline{113}$

확인 _____

4 빈 곳에 알맞은 수를 써넣으세요.

5 □ 안에 몫을 쓰고 ○ 안에 나머지를 써넣으세요.

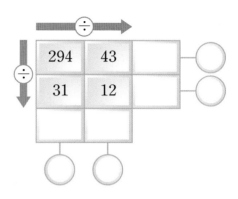

6 몫이 가장 큰 식을 찾아 기호를 써 보세요.

㉠ $76 \div 17$ ㉡ $186 \div 33$
㉢ $74 \div 23$ ㉣ $260 \div 42$

(   )

7 나눗셈을 하고 나머지가 가장 큰 것부터 차례 대로 ○ 안에 번호를 써넣으세요.

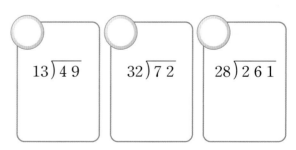

몫이 두 자리 수인 (세 자리 수)÷(두 자리 수)

세 자리 수 중에서 왼쪽 두 자리 수부터 먼저 나누고, 남은 나머지를 다시 나눕니다.

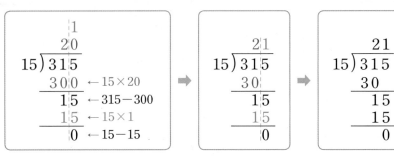

확인 $15 \times 21 = 315$

개념잡기

❖ 나뉠 수의 왼쪽 두 자리 수가 나누는 수보다 크거나 같으면 몫은 두 자리 수입니다.

---

1 개념확인

$288 \div 18$을 계산하려고 합니다. ☐ 안에 알맞은 수를 써넣으세요.

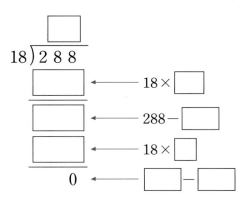

$$18) \overline{288}$$

$\longleftarrow 18 \times \square$

$\longleftarrow 288 - \square$

$\longleftarrow 18 \times \square$

$0 \longleftarrow \square - \square$

2 개념확인

$650 \div 26$을 계산하려고 합니다. ☐ 안에 알맞은 수를 써넣으세요.

$$26) \overline{650}$$ ➡ $$26) \overline{650}$$ ➡ $$26) \overline{650}$$

확인 $26 \times \square = \square$

기본 문제를 통해 교과서 개념을 다져요.

1 빈칸에 알맞은 수를 써넣고 576÷18의 몫을 어림해 보세요.

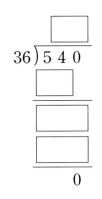

	10	20	30	40
×18	180	360		

576÷18의 몫은 ☐ 보다 크고 ☐ 보다 작습니다.

2 ☐ 안에 알맞은 수를 써넣으세요.

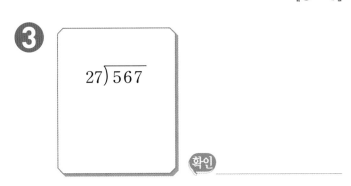

$36\overline{)540}$

👑 계산을 하고 계산 결과가 맞는지 확인해 보세요.

[3~4]

3

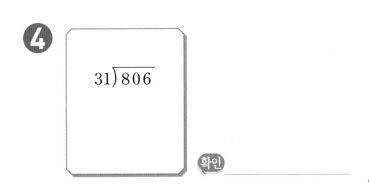

$27\overline{)567}$

확인

4

$31\overline{)806}$

확인

5 ☐ 안에 알맞은 수를 써넣으세요.

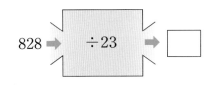

828 ➡ ÷23 ➡ ☐

6 몫이 두 자리 수인 나눗셈을 모두 찾아 기호를 써 보세요.

⊙ 498÷83   ⓒ 180÷12
ⓒ 646÷19   ⓔ 175÷25

(   )

7 몫을 찾아 선으로 이어 보세요.

322÷23 •   • 13

507÷39 •   • 14

8 사과 980개를 한 상자에 35개씩 담아 포장하려고 합니다. 포장할 수 있는 상자는 모두 몇 상자인가요?

식

답

○ 몫이 두 자리 수이고 나머지가 있는 (세 자리 수)÷(두 자리 수)

세 자리 수 중에서 왼쪽 두 자리 수부터 먼저 나누고, 남은 나머지를 다시 나눕니다.

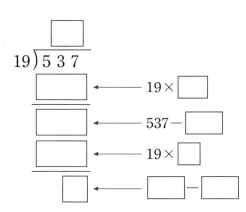

확인 $17 \times 23 = 391,\ 391 + 4 = 395$

개념잡기

○ 나누는 수에 10을 곱해 나눌 수와 비교하여 나눌 수와 같거나 작으면 몫은 두 자리 수입니다.

$$395 \div 17 \Rightarrow 395 > 170$$

10배

➡ $395 \div 17$의 몫은 두 자리 수입니다.

---

1 개념확인

$537 \div 19$를 계산하려고 합니다. ☐ 안에 알맞은 수를 써넣으세요.

```
         □
   19 ) 5 3 7
        □    ← 19×□
        □    ← 537−□
        □    ← 19×□
        □    ←  □ − □
```

2 개념확인

$593 \div 21$을 계산하려고 합니다. ☐ 안에 알맞은 수를 써넣으세요.

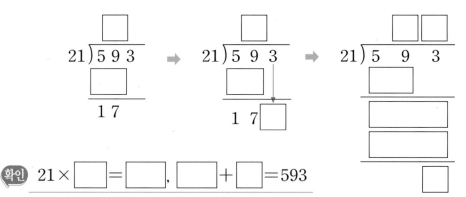

확인 $21 \times \boxed{} = \boxed{},\ \boxed{} + \boxed{} = 593$

👑 □ 안에 알맞은 수를 써넣으세요. [1~3]

①

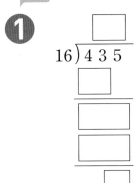

$$16 \overline{)4\ 3\ 5}$$

➡ $435 \div 16 = \boxed{} \cdots \boxed{}$

확인 $16 \times \boxed{} = \boxed{}$, $\boxed{} + \boxed{} = 435$

②

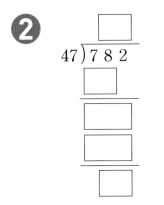

$$47 \overline{)7\ 8\ 2}$$

➡ $782 \div 47 = \boxed{} \cdots \boxed{}$

확인 $47 \times \boxed{} = \boxed{}$, $\boxed{} + \boxed{} = 782$

③

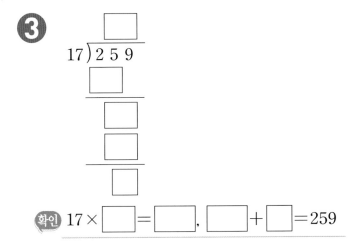

$$17 \overline{)2\ 5\ 9}$$

확인 $17 \times \boxed{} = \boxed{}$, $\boxed{} + \boxed{} = 259$

④ 계산을 하고 계산 결과가 맞는지 확인해 보세요.

$$23 \overline{)6\ 2\ 5}$$

확인 _____

⭐중요

⑤ 몫을 찾아 선으로 이어 보세요.

| $233 \div 18$ | • | | • | 8 |

| $217 \div 25$ | • | | • | 12 |

| $196 \div 11$ | • | | • | 17 |

⑥ 몫이 더 큰 것을 찾아 기호를 써 보세요.

㉠ $725 \div 39$ ㉡ $895 \div 51$

(   )

⑦ 배 725개를 한 상자에 15개씩 담아 포장하였습니다. 포장하고 남은 배는 몇 개인가요?

(   )

단원
3

⊙ 곱셈의 어림셈을 이용하여 계산하기

> 한 개에 679원인 볼펜을 22개 사려고 합니다.
> 필요한 볼펜값은 약 얼마인지 어림셈으로 알아보세요.

- 697을 몇백으로 어림하면 약 700입니다.
- 22를 몇십으로 어림하면 약 20입니다.

  어림셈: $700 \times 20 = 14000$이므로 필요한 볼펜값은 약 14000원입니다.

⊙ 나눗셈의 어림셈을 이용하여 계산하기

> 풀 287개를 한 상장 18개씩 담으려고 합니다.
> 필요한 상자는 약 몇 개인지 어림셈으로 알아보세요.

- 287을 몇백으로 어림하면 약 300입니다.
- 18을 몇십으로 어림하면 약 20입니다.

  어림셈: $300 \div 20 = 15$이므로 필요한 상자는 약 15개입니다.

> **개념잡기**
>
> ⊙ 실생활에서 곱셈의 어림셈을 활용하여 문제를 해결할 수 있습니다.
> 실제 값:
> $697 \times 22 = 15334$
>
> ⊙ 실생활에서 나눗셈의 어림셈을 활용하여 문제를 해결할 수 있습니다.
> 실제 값:
> $287 \div 18 = 15 \cdots 17$

개념확인 1

한 개의 무게가 398 g인 카카오 가루 21개의 무게는 약 몇 g인지 구해 보세요.

(1) 398 g을 몇백 g으로 어림하면 약 [ ] g입니다.

(2) 21개를 몇십개로 어림하면 약 [ ] 개입니다.

(3) 카카오 가루 21개의 무게는 [ ] × [ ] = [ ] 이므로 약 [ ] g입니다.

개념확인 2

책 177권을 한 상자에 52권씩 담으려고 합니다. 필요한 상자는 약 몇 개인지 구해 보세요.

(1) 177권을 몇백권으로 어림하면 약 [ ] 권입니다.

(2) 52권을 몇십권으로 어림하면 약 [ ] 권입니다.

(3) 필요한 상자는 [ ] ÷ [ ] = [ ] 이므로 약 [ ] 개입니다.

기본 문제를 통해 교과서 개념을 다져요.

1 하루에 빵을 299개씩 만드는 빵집이 있습니다. 이 빵집에서 28일 동안 만든 빵은 약 몇 개인지 어림해 보세요.

어림셈: □ × □ = □

28일 동안 만든 빵은 약 □ 개입니다.

와 같이 어림해 보세요. [2~3]

보기

197×39

197은 약 200, 39는 약 40으로 어림하면
$200 \times 40 = 8000$이므로 약 8000입니다.

2

496×38

496은 약 □, 38은 약 □으로 어림하면

□ × □ = □ 이므로

약 □ 입니다.

3 395×47

395는 약 □, 47은 약 □으로 어림하면

□ × □ = □ 이므로

약 □ 입니다.

4 $275 \div 30$의 몫을 어림셈으로 구하고, 어림셈으로 구한 몫을 이용하여 실제 몫을 구해 보세요.

(1)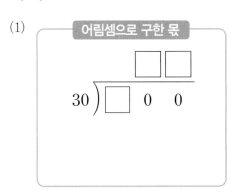

어림셈으로 구한 몫

$30) \overline{ \square 0 0}$

(2)

실제로 구한 몫

$30) \overline{2 7 5}$

중요

5 $295 \div 20$의 몫을 어림셈으로 구하려고 합니다. □ 안에 알맞은 수를 써넣으세요.

어림셈: $300 \div 20 =$ □

295는 □ 보다 작으므로 $295 \div 20$의 계산 결과는 □ 보다 작을 것입니다.

단원
3

유형 **3**   **몇십으로 나누기**

- 나머지가 없는 (세 자리 수)÷(몇십)

$$180 \div 30 = 6$$

$$18 \div 3 = 6$$

- 나머지가 있는 (세 자리 수)÷(몇십)

$$\begin{array}{r} 8 \\ 30\overline{)254} \\ 240 \\ \hline 14 \end{array}$$ $$254 \div 30 = 8 \cdots 14$$

➡ 확인 $30 \times 8 = 240$,

$240 + 14 = 254$

3-1 빈칸에 알맞은 수를 써넣고, $120 \div 20$의 몫을 구해 보세요.

$$120 \div 20 = \boxed{}$$

3-2 계산해 보세요.

(1) $630 \div 70$

(2) $210 \div 30$

◀ 대표유형

3-3 계산을 하고 계산 결과가 맞는지 확인해 보세요.

$$60\overline{)414}$$

확인 _____

3-4 ☐ 안에 몫을 쓰고 ◯ 안에 나머지를 써넣으세요.

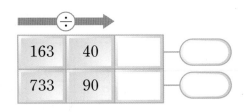

÷			
163	40		
733	90		

3-5 몫이 가장 큰 것부터 차례대로 기호를 써 보세요.

㉠ $320 \div 80$	㉡ $100 \div 30$
㉢ $350 \div 70$	㉣ $251 \div 40$

(   )

3-6 어느 과수원에서 복숭아 300개를 한 상자에 50개씩 담았습니다. 복숭아를 담은 상자는 모두 몇 개인가요?

식 _____

답 _____

◀ 시험에 잘 나와요

3-7 문구점에서 공책 586권을 한 줄에 70권씩 쌓아 놓았습니다. 70권씩 쌓아 놓은 공책은 몇 줄이 되고, 몇 권이 남나요?

(   ),(   )

유형 4 몇십몇으로 나누기 (1)

- 42 ÷ 13의 계산

$$13 \overline{\smash{)}42} \quad 42 \div 13 = 3 \cdots 3$$
$$\underline{39}$$
$$3$$

확인 $13 \times 3 = 39, \ 39 + 3 = 42$

- 150 ÷ 21의 계산

$$21 \overline{\smash{)}150} \quad 150 \div 21 = 7 \cdots 3$$
$$\underline{147}$$
$$3$$

확인 $21 \times 7 = 147,$
$147 + 3 = 150$

4-1 □ 안에 알맞은 수를 써넣으세요.

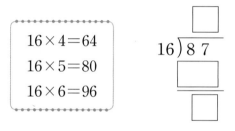

$16 \times 4 = 64$
$16 \times 5 = 80$
$16 \times 6 = 96$

$$16 \overline{\smash{)}87}$$

4-2 계산을 하고 계산 결과가 맞는지 확인해 보세요.

(1) $17 \overline{\smash{)}93}$

확인 ＿＿＿＿＿＿＿

(2) $22 \overline{\smash{)}154}$

확인 ＿＿＿＿＿＿＿

4-3 나누어떨어지는 나눗셈을 찾아 기호를 써 보세요.

ㄱ 91 ÷ 19   ㄴ 77 ÷ 23
ㄷ 70 ÷ 30   ㄹ 96 ÷ 16

(   )

4-4 나머지가 같은 것끼리 선으로 이어 보세요.

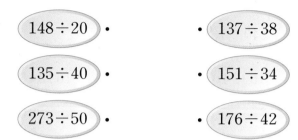

148 ÷ 20 •   • 137 ÷ 38

135 ÷ 40 •   • 151 ÷ 34

273 ÷ 50 •   • 176 ÷ 42

4-5 어떤 수를 43으로 나누었을 때, 나머지가 될 수 없는 수는 어느 것인가요? (   )

① 2   ② 14   ③ 27
④ 39   ⑤ 43

4-6 가영이는 초콜릿 63개를 한 봉지에 13개씩 나누어 담고 남은 것은 다 먹었습니다. 가영이가 먹은 초콜릿은 몇 개인가요?

식 ＿＿＿＿＿＿＿＿＿＿

답 ＿＿＿＿＿＿＿＿＿＿

4-7 길이가 382 cm인 색 테이프를 한 도막이 45 cm가 되도록 잘라 꽃을 만들려고 합니다. 꽃은 몇 송이까지 만들 수 있고, 남는 색 테이프의 길이는 몇 cm인가요?

(   ), (   )

유형 5 몇십몇으로 나누기(2)

• 240÷16의 계산

$$
16\overline{)240} \Rightarrow \begin{array}{r} 15 \\ 16\overline{)240} \\ \underline{16} \\ 80 \end{array} \Rightarrow \begin{array}{r} 15 \\ 16\overline{)240} \\ \underline{16} \\ 80 \\ \underline{80} \\ 0 \end{array}
$$

$$240 \div 16 = 15$$

확인 $16 \times 15 = 240$

유형 6 몇십몇으로 나누기(3)

• 523÷18의 계산

$$
18\overline{)523} \Rightarrow \begin{array}{r} 2 \\ 18\overline{)523} \\ \underline{36} \\ 163 \end{array} \Rightarrow \begin{array}{r} 29 \\ 18\overline{)523} \\ \underline{36} \\ 163 \\ \underline{162} \\ 1 \end{array}
$$

$$523 \div 18 = 29 \cdots 1$$

확인 $18 \times 29 = 522,\ 522 + 1 = 523$

대표유형

5-1 □ 안에 알맞은 식의 기호를 써넣으세요.

$$
\begin{array}{r} 43 \\ 15\overline{)645} \\ \underline{60} \leftarrow \square \\ 45 \leftarrow \square \\ \underline{45} \leftarrow \square \\ 0 \end{array}
$$

㉠ 15×3
㉡ 15×40
㉢ 645−600

6-1 □ 안에 알맞은 수를 써넣으세요.

$$21\overline{)340}$$

5-2 빈칸에 알맞은 수를 써넣으세요.

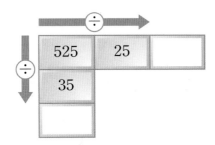

÷ →		
525	25	
35		

6-2 계산을 하고 계산 결과가 맞는지 확인해 보세요.

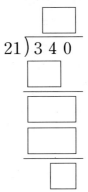

$$12\overline{)398}$$

확인

5-3 몫이 가장 큰 것을 찾아 기호를 써 보세요.

㉠ 315÷15
㉡ 300÷12
㉢ 399÷21

(   )

6-3 □ 안에 알맞은 식의 기호를 써넣으세요.

$$
\begin{array}{r} 23 \\ 31\overline{)715} \\ \underline{62} \leftarrow \square \\ 95 \leftarrow \square \\ \underline{93} \leftarrow \square \\ 2 \leftarrow \square \end{array}
$$

㉠ 31×3
㉡ 31×20
㉢ 715−620
㉣ 95−93

6-4 ☐ 안에 몫을 쓰고 ⬭ 안에 나머지를 써넣으세요.

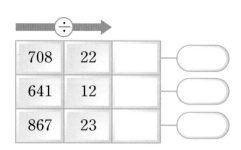

708	22	
641	12	
867	23	

6-5 몫이 두 자리 수인 것은 어느 것인가요?

( )

① 286÷34 ② 146÷12
③ 567÷57 ④ 690÷92
⑤ 380÷45

6-6 길이가 750 cm인 테이프를 한 도막이 85 cm가 되도록 잘랐습니다. 85 cm짜리 도막은 몇 개까지 만들 수 있나요?

( )

🎓 **시험에 잘 나와요**

6-7 어떤 수를 27로 나누었더니 몫이 20이고 나머지가 15였습니다. 어떤 수를 구해 보세요.

( )

유형 7 어림셈으로 문제 해결하기

곱셈과 나눗셈의 어림셈을 이용하여 어림셈이 필요한 실생활 상황의 문제를 해결할 수 있습니다.

7-1 514×72를 (몇백)×(몇십)으로 어림셈하고, 실제 값으로 계산해 보세요.

어림셈: ☐ × ☐ = ☐

실제 값: 514×72= ☐

7-2 599÷30의 몫을 어림셈으로 구하려고 합니다. ☐ 안에 알맞은 수를 써넣으세요.

어림셈: 600÷30= ☐

599는 ☐ 보다 작으므로 599÷30의

계산 결과는 ☐ 보다 작을 것입니다.

⚠️ **잘 틀려요**

7-3 한 상자에 컵을 10개까지 담을 수 있습니다. 컵 204개를 담는 데 상자를 20개 준비한다면 상자 수는 어떨지 알맞은 것에 ◯표 하세요.

어림셈: 200÷10=20

컵 204개를 모두 담는 데 상자 20개는 (충분합니다, 부족합니다).

1 계산 결과가 나머지와 <u>다른</u> 하나는 어느 것인 가요? (   )

① 30×600 ② 90×200

③ 20×900 ④ 60×300

⑤ 600×300

2 60×500을 계산하면 숫자 0은 모두 몇 번 쓰 이나요?

(   )

3 빈칸에 알맞은 수를 써넣으세요.

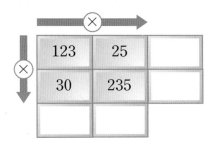

4 가장 큰 수와 가장 작은 수의 곱을 구해 보세요.

| 72 | 198 | 56 | 169 |

(   )

5 곱셈을 하고 곱이 가장 큰 것부터 차례로 ◯ 안에 번호를 써넣으세요.

298	348	609
× 63	× 42	× 25

6 동민이는 다음과 같이 어림하였습니다. 동민 이가 312×23을 어떤 방법으로 어림할지 써 보세요.

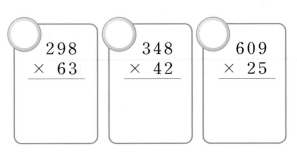

195	195는 200보다 작고, 18은
× 18	20보다 작으므로 계산 결과는
	4000보다 작을 거야.

312는 _____

312
× 23   _____

계산 결과는 _____보다 클 거야.

7 24명이 각자 매일 2 L의 물을 절약하려고 합 니다. 1년을 365일로 계산한다면 1년 동안 절 약한 물의 양은 몇 L인가요?

(   )

8 □ 안에 알맞은 숫자를 써넣으세요.

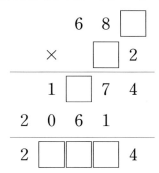

```
        6  8  □
    ×      □  2
    1  □  7  4
 2  0  6  1
 2  □  □  □  4
```

9 숫자 카드를 모두 사용하여 곱이 가장 큰 (세 자리 수)×(두 자리 수)를 만들고 계산해 보세요.

| 1 | 7 | 3 | 9 | 5 |

□□□ × □□ = □

10 생활에서 (세 자리 수)×(두 자리 수)와 관련된 문제를 만들고 풀어 보세요.

문제

식 _____

답 _____

11 어림한 나눗셈의 몫으로 가장 적절한 것에 ○ 표 하세요.

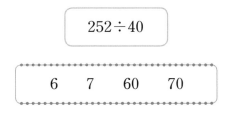

252÷40

| 6 | 7 | 60 | 70 |

12 나눗셈을 하고 몫이 가장 큰 것부터 차례대로 ○ 안에 번호를 써넣으세요.

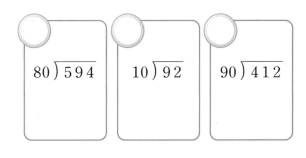

80)594   10)92   90)412

13 석기가 256쪽인 위인전을 모두 읽으려고 합니다. 하루에 30쪽씩 읽으면 며칠 만에 모두 읽을 수 있나요?

(   )

14 540을 60으로 나누면 나누어떨어집니다. 540보다 큰 수 중에서 60으로 나누었을 때 나머지가 37이 되는 가장 작은 수를 구해 보세요.

(   )

15 바르게 계산한 것을 찾아 ○표 하세요.

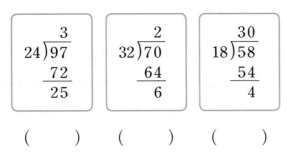

(   )   (   )   (   )

16 큰 수를 작은 수로 나눈 몫을 빈 곳에 써넣으세요.

(1)

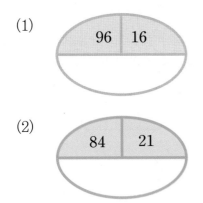

| 96 | 16 |

(2)

| 84 | 21 |

17 □ 안에 몫을 쓰고 ○ 안에 나머지를 써넣으세요.

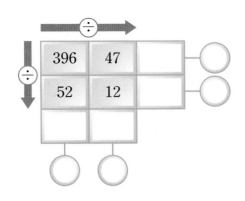

18 빈 곳에 알맞은 수를 써넣으세요.

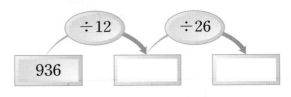

936   ÷12   ÷26

19 □ 안에 알맞은 수를 써넣으세요.

$$\boxed{} \div 17 = 5 \cdots 11$$

20 몫이 가장 큰 것부터 차례로 기호를 써 보세요.

㉠ $86 \div 33$ ㉡ $72 \div 16$
㉢ $60 \div 42$ ㉣ $77 \div 24$

(   )

21 나눗셈을 하고 나머지가 가장 큰 것부터 차례대로 ○ 안에 번호를 써넣으세요.

$13 \overline{)62}$ $32 \overline{)104}$ $28 \overline{)68}$

22 가운데 ◇ 안의 수를 바깥 수로 나누어 큰 원의 빈 곳에 몫을 써넣고, 나머지는 □ 안에 써넣으세요.

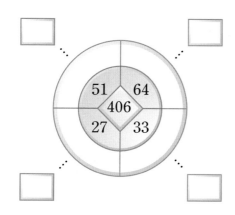

23 어떤 자연수를 58로 나눌 때 나올 수 있는 나머지 중에서 가장 큰 수는 얼마인가요?

( )

24 우리나라에서 미국까지 비행기를 타고 가는 데 829분이 걸린다고 합니다. 우리나라에서 미국까지 비행기를 타고 가는 데 걸리는 시간은 몇 시간 몇 분인가요?

( )

25 연필 365자루를 25명의 학생에게 똑같이 나눠 주려고 하였더니 몇 자루가 모자랐습니다. 남는 연필 없이 똑같이 나눠 주려면 적어도 몇 자루의 연필이 더 필요한가요?

( )

26 숫자 카드 **1** , **3** , **4** , **5** , **7** 을 모두 한 번씩 사용하여 (세 자리 수)÷(두 자리 수)의 나눗셈식을 만들려고 합니다. 몫이 가장 큰 나눗셈식과 몫을 구해 보세요.

$$\square\square\square \div \square\square = \square$$

27 곱셈을 하지 않고 □ 안에 알맞은 수를 구하는 방법을 설명해 보세요.

$$593 \div 26 = 22 \cdots 21$$
$$592 \div 26 = 22 \cdots 20$$
$$591 \div 26 = 22 \cdots 19$$
$$\vdots$$
$$\square \div 26 = 22 \cdots 0$$

단원
3

1 동민이는 500원짜리 동전을 24개, 100원짜리 동전을 30개 저금했습니다. 동민이가 저금한 돈은 모두 얼마인지 풀이 과정을 쓰고 답을 구해 보세요.

풀이) 500원짜리 동전의 금액은

$500 \times \boxed{} = \boxed{}$ (원)이고

100원짜리 동전의 금액은

$100 \times \boxed{} = \boxed{}$ (원)입니다.

따라서 동민이가 저금한 돈은 모두

$\boxed{} + \boxed{} = \boxed{}$ (원)입니다.

답 $\boxed{}$ 원

1-1 신영이는 500원짜리 동전을 35개, 100원짜리 동전을 28개 저금했습니다. 신영이가 저금한 돈은 모두 얼마인지 풀이 과정을 쓰고 답을 구해 보세요.

풀이)

답 _____

2 계산이 잘못된 곳을 찾아 바르게 고치고 그 이유를 써 보세요.

$$\begin{array}{r} 4\ 2\ 7 \\ \times\quad 3\ 2 \\ \hline 8\ 5\ 4 \\ 1\ 2\ 8\ 1 \\ \hline 2\ 1\ 3\ 5 \end{array}$$

➡

이유) $427 \times 30 = \boxed{}$ 이므로

1281을 (왼쪽 , 오른쪽)으로 한 칸 옮겨 쓰거나 $\boxed{}$ 이라고 써야 합니다.

2-1 계산이 잘못된 곳을 찾아 바르게 고치고 그 이유를 써 보세요.

$$\begin{array}{r} 4\ 0\ 6 \\ \times\quad 2\ 4 \\ \hline 1\ 6\ 2\ 4 \\ 8\ 1\ 2 \\ \hline 2\ 4\ 3\ 6 \end{array}$$

➡

이유)

3 가영이는 제과점에서 사 온 쿠키 124개를 한 봉지에 20개씩 나누어 담고 남은 것은 다 먹었습니다. 가영이가 먹은 쿠키는 몇 개인지 풀이 과정을 쓰고 답을 구해 보세요.

✎ 풀이 가영이가 먹은 쿠키의 수는 124를 □으로 나누었을 때 생기는 몫과 나머지 중에서 □입니다.

따라서 124÷20= □ … □ 이므로 가영이가 먹은 쿠키는 □ 개입니다.

답 □ 개

3-1 웅이네 학교 4학년 학생 328명은 합동 체육 시간에 15명씩 짝짓기 놀이를 하였습니다. 짝을 짓지 못한 학생은 몇 명인지 풀이 과정을 쓰고 답을 구해 보세요.

✎ 풀이

_____

_____

_____

_____

답 _____

4 지혜는 406÷14를 오른쪽과 같이 계산하였습니다. 다시 계산하지 않고 바르게 몫을 구하는 방법을 설명해 보세요.

```
        27
   14)406
       28
      126
       98
       28
```

✎ 설명 나머지 28은 나누는 수인 □ 보다 크기 때문에 더 나눌 수 있습니다.

28÷ □ = □ 이기 때문에

406÷14의 몫은 27+ □ = □ 입니다.

4-1 예슬이는 805÷23을 오른쪽과 같이 계산하였습니다. 다시 계산 하지 않고 바르게 몫을 구하는 방법을 설명해 보세요.

```
         32
   23)805
       69
      115
       46
       69
```

✎ 설명

_____

_____

_____

_____

3 단원 **단원 평가**

1 보기와 같이 계산해 보세요.

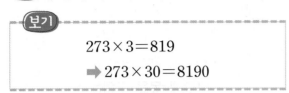

> 보기
>
> $273 \times 3 = 819$
>
> ➡ $273 \times 30 = 8190$

$315 \times 6 = 1890$

➡ $315 \times 60 = \boxed{}$

2 □ 안에 들어갈 0의 개수는 몇 개인가요?

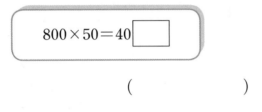

$800 \times 50 = 40\boxed{}$

(   )

3 계산해 보세요.

(1) 205×16

(2) 125×24

4 지우개를 한 상자에 105개씩 담았더니 18상자가 되었습니다. 전체 지우개는 약 몇 개인지 어림셈을 이용하여 알아보세요.

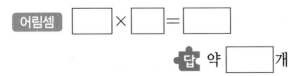

어림셈 $\boxed{} \times \boxed{} = \boxed{}$

답 약 $\boxed{}$ 개

5 계산을 하고 계산 결과가 맞는지 확인해 보세요.

$60 \overline{)568}$

확인 _____

6 계산 결과가 나머지와 <u>다른</u> 하나는 어느 것인가요? (   )

① 60×200 ② 400×30

③ 300×40 ④ 600×20

⑤ 12×100

7 569×81을 다음과 같이 계산하였습니다. <u>잘못된</u> 부분을 찾아 바르게 고쳐 보세요.

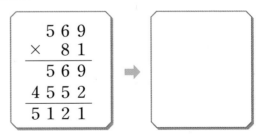

$$
\begin{array}{r}
5\ 6\ 9 \\
\times\ \ \ 8\ 1 \\
\hline
5\ 6\ 9 \\
4\ 5\ 5\ 2 \\
\hline
5\ 1\ 2\ 1
\end{array}
$$

➡

앞에서 공부한 내용을 종합적으로 평가해 보세요.

8 빈칸에 알맞은 수를 써넣으세요.

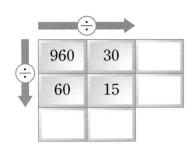

9 빈 곳에 알맞은 수를 써넣으세요.

112

10 관계있는 것끼리 선으로 이어 보세요.

87÷29 •   • 5

90÷18 •   • 2

80÷40 •   • 3

11 ○ 안에 >, =, <를 알맞게 써넣으세요.

(1) 283×30 ○ 20×400

(2) 403×36 ○ 598×26

12 계산 결과가 가장 작은 것은 어느 것인가요?

(   )

① 291×40   ② 365×25

③ 425×20   ④ 571×12

⑤ 393×30

13 □ 안에 알맞은 수를 써넣으세요.

□÷47=20…22

14 몫이 두 자리 수인 나눗셈을 모두 고르세요.

(   )

① 72÷20   ② 495÷54

③ 273÷46   ④ 795÷31

⑤ 308÷29

단원 **3**

15 몫이 가장 큰 것부터 차례대로 기호를 써 보세요.

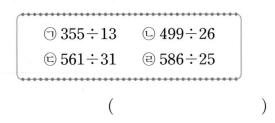

㉠ 355÷13   ㉡ 499÷26

㉢ 561÷31   ㉣ 586÷25

(   )

16 빵 한 개를 팔면 이익금이 825원입니다. 빵 40개를 팔면 이익금은 모두 얼마인가요?

(   )

17 지혜네 할머니는 오늘로 만 85세가 되셨습니다. 1년을 365일로 계산한다면 지혜네 할머니는 어제까지 며칠을 사신 셈인가요?

(   )

18 둘레가 420 m인 원 모양의 연못가에 60 m 간격으로 가로등을 설치하려고 합니다. 가로등은 몇 개가 필요한가요?

(   )

19 길이가 907 cm인 철사를 한 도막이 85 cm가 되도록 자르려고 합니다. 85 cm짜리 도막은 몇 개까지 만들 수 있고, 몇 cm가 남겠나요?

(   ), (   )

20 밀가루가 376 g 있습니다. 쿠키 한 개를 만드는 데 밀가루 40 g이 필요합니다. 똑같은 쿠키는 몇 개까지 만들 수 있나요?

(   )

21 어떤 수를 53으로 나누었더니 몫이 17이고, 나머지가 28이었습니다. 어떤 수를 37로 나누었을 때 몫과 나머지는 각각 얼마인가요?

몫 (   )

나머지 (   )

서술형

22 계산 과정을 보고 잘못된 부분을 찾아 그 이유를 쓰고 바르게 계산해 보세요.

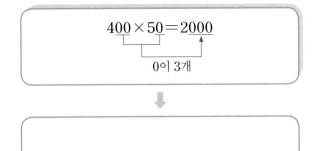

$$400 \times 50 = 2000$$

0이 3개

📖이유

---

23 한 상자에 연필이 120타씩 들어 있습니다. 한 상자에는 연필이 모두 몇 자루 들어 있는지 풀이 과정을 쓰고 답을 구해 보세요. (단, 연필 한 타는 12자루입니다.)

📖풀이

📁답

---

24 어떤 수를 85로 나누었더니 몫이 8이고 나머지가 24였습니다. 어떤 수는 얼마인지 풀이 과정을 쓰고 답을 구해 보세요.

📖풀이

📁답

---

25 다음 숫자 카드를 모두 사용하여 몫이 가장 큰 (세 자리 수)÷(두 자리 수)를 만들었을 때, 몫과 나머지를 구하려고 합니다. 풀이 과정을 쓰고 답을 구해 보세요.

2 4 5 7 9

📖풀이

📁답

① 동화책을 펼쳐서 두 쪽수를 곱하였더니 2970이 되었습니다. 두 쪽수는 각각 몇 쪽인지 알아보세요.

(1) 다음 표를 완성해 보세요.

왼쪽 수	50	52	54	56
오른쪽 수	51	53	55	57
두 수의 곱	2550			

(2) 펼쳐진 두 쪽수는 각각 몇 쪽인지 구해 보세요.

(   ), (   )

② 아버지와 어머니의 나이 차는 4살이고, 아버지와 어머니의 나이를 곱하면 1932입니다. 아버지와 어머니의 나이는 각각 몇 살인지 구해 보세요. (단, 아버지 나이가 어머니 나이보다 더 많습니다.)

아버지 (   )

어머니 (   )

③ 두 수의 차가 50인 두 수가 있습니다. 이 두 수의 곱이 5304일 때 두 수를 각각 구해 보세요.

큰 수 (   )

작은 수 (   )

남는 것이 당연해요.

분돌이는 밤새 배가 아파서 잠을 제대로 못 잤어요. 냉장고에 먹다 남은 수박이 있어서 먹으려고 하는데 엄마가 동생도 줘야 하니까 남

기라고 하시는 말씀에 괜시리 분통이 나서 우적우적 다 먹었거든요.

그랬더니 배탈이 난 것 같아요. 동생이 자기 것 안 남겼다고 심통을 부릴 때도 미안하지 않았는데 이렇게 배가 아프고 보니 미안해요.

'좀 남길 걸!'

며칠 후 커다란 수박 조각을 대여섯 개씩이나 한꺼번에 먹으니 배탈이 난 거라면서 엄마는 수박을 깍두기처럼 썰어주셨어요. 접시 위에 놓인 수박 조각을 분돌이와 분식이는 부지런히 세었답니다.

"27개다! 우리 둘이 똑같이 나눠 먹으라고 하셨어."

분돌이가 말을 마치기도 전에 동생 분식이는 자기 앞에 하나, 형 앞에 하나씩을 옮겨 놓고 있었어요.

"먹기도 전에 다 부서지잖아. 가만 좀 있어. 내가 나누기 2를 할테니까."

분돌이가 머리 속으로 27÷2를 해 보니까 각각 13조각씩 나누고 1조각이 남아요. 분돌이는 하나 남는 것을 분식이에게 양보했어요.

분식이가 주머니에서 구슬을 꺼내더니 형하고 나누어 갖자고 해요. 이리 데굴 저리 데굴 구르는 구슬을 모아 봤더니 35개나 돼요.

"난 이제 구슬치기 안 해. 너 다 가져."

분돌이가 말했지만 분식이는 그래도 형에게 주고 싶다면서 똑같이 나누자고 해요.

띵동! 현관 벨이 울리더니 사촌 동생 2명이 놀러 왔네요. 구슬을 보더니 눈들이 구슬만큼 동그래져요.

우리 넷이 나누어 가지려면 한 사람이 몇 개씩 가져야 하느냐고 분식이가 형에게 물어요.

'35÷4는 음, … 4×6=24, 4×7=28, 4×8=32, 4×9=36. 아, 됐다!'

분돌이는 몇 개씩이냐고 자꾸 물어대는 동생들 때문에 곱셈구구를 맞게 외웠는지도 잘 모르겠어요.

"분식아, 8개씩 나눠 줘."

분돌이는 으쓱하며 가르쳐 주다가, 나는 안 가져도 되니까 너희들 셋이 나누어 가지라면서 다시 계산을 해 보았어요.

'35÷3은 음, … 3×10=30, 3×11=33, … 휴~'

11개씩 가지면 되고 2개가 남는 건 동생들에게 하나씩 더 주라면서 분돌이는 더 으쓱했지요.

곁에서 지켜보시던 엄마는 분돌이가 절절매는 걸 다 아셨어요.

'학교에선 두 자리 수끼리 나누는 걸 배우고 있는데 우리 분돌이 어쩌지?'

걱정하시던 엄마는 저녁 무렵에 커다란 종이 한 장을 냉장고에 붙여 놓으시고는

"분돌아, 이 곱셈표를 이용해서 나눗셈 문제를 풀어 봐! 이거 다 못 풀면 이젠 수박도 없어!"

하시는 게 아니겠어요?

그런데 이상하죠? 나눗셈을 잘 못하는데 왜 곱셈표를 이용해서 풀라고 하실까요?

$12 \times 1 = 12$	$13 \times 1 = 13$	$14 \times 1 = 14$	$15 \times 1 = 15$
$12 \times 2 = 24$	$13 \times 2 = 26$	$14 \times 2 = 28$	$15 \times 2 = 30$
$12 \times 3 = 36$	$13 \times 3 = 39$	$14 \times 3 = 42$	$15 \times 3 = 45$
$12 \times 4 = 48$	$13 \times 4 = 52$	$14 \times 4 = 56$	$15 \times 4 = 60$
$12 \times 5 = 60$	$13 \times 5 = 65$	$14 \times 5 = 70$	$15 \times 5 = 75$
$12 \times 6 = 72$	$13 \times 6 = 78$	$14 \times 6 = 84$	$15 \times 6 = 90$
$12 \times 7 = 84$	$13 \times 7 = 91$	$14 \times 7 = 98$	$15 \times 7 = 105$
$12 \times 8 = 96$	$13 \times 8 = 104$	$14 \times 8 = 112$	$15 \times 8 = 120$
$12 \times 9 = 108$	$13 \times 9 = 117$	$14 \times 9 = 126$	$15 \times 9 = 135$

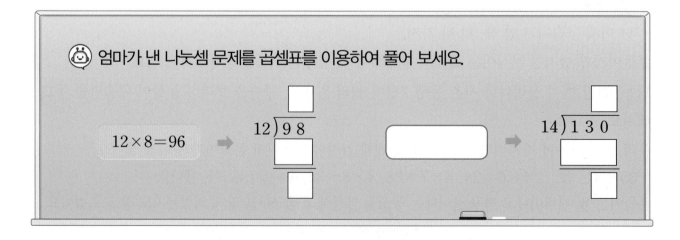

엄마가 낸 나눗셈 문제를 곱셈표를 이용하여 풀어 보세요

$12 \times 8 = 96$ ➡ $12 \overline{)98}$

$14 \overline{)130}$

단원 4 평면도형의 이동

이번에 배울 내용

1 점의 이동 알아보기

2 평면도형 밀기

3 평면도형 뒤집기

4 평면도형 돌리기

5 무늬 꾸미기

 이전에 배운 내용

• 각과 직각 알아보기
• 직각삼각형, 직사각형, 정사각형 알아보기

 다음에 배울 내용

• 사다리꼴 알아보기
• 평행사변형 알아보기
• 마름모 알아보기

점이 이동한 곳 알아보기

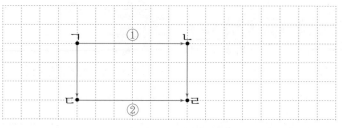

- 점 ㄱ을 오른쪽으로 6 cm 이동하면 점 ㄴ입니다.
- 점 ㄱ을 아래쪽으로 3 cm 이동하면 점 ㄷ입니다.
- 점 ㄱ이 점 ㄹ로 이동하기

  방법 ❶ 오른쪽으로 6 cm 이동하고, 아래쪽으로 3 cm 이동하기

  방법 ❷ 아래쪽으로 3 cm 이동하고, 오른쪽으로 6 cm 이동하기

> **개념잡기**
>
> ☞ 점의 이동을 설명할 때에는 어느 방향으로 몇 cm 이동했는지 이동한 방향과 거리를 포함하여 설명합니다.
>
> 참고 방법 ❶ 과 방법 ❷ 와 같이 점을 이동한 순서를 바꾸어도 같은 곳에 있습니다.

---

1 개념확인

점 ㄱ을 선을 따라 주어진 방향과 길이만큼 이동하여 나타내 보세요.

> 왼쪽으로 10 cm

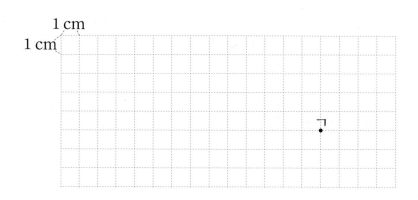

2 개념확인

점 ㄱ을 선을 따라 점 ㄴ의 위치로 이동했습니다. 어느 방향으로 몇 cm 이동했는지 ☐ 안에 알맞은 수나 말을 써넣으세요.

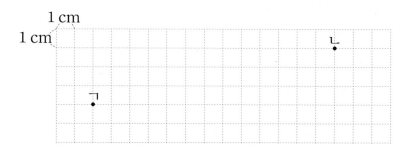

점 ㄱ을 ☐ 으로 13 cm, 위쪽으로 ☐ cm 이동했습니다.

👑 어느 강당의 자리 배치도의 일부입니다. 물음에 답해 보세요. [1~2]

무대									
가	나	다	라	마	바	사	아	자	차

27
28
29
30

1 27의 마 자리를 찾아 ○표, 29의 사 자리를 찾아 △표 하세요.

2 28의 다 자리로부터 30의 바 자리까지 물건을 전달하려고 합니다. □ 안에 알맞은 수를 써넣으세요.

오른쪽으로 □칸, 아래쪽으로 □칸 움직여서 물건을 전달합니다.

3 점을 ●의 위치로부터 아래쪽으로 2칸, 오른쪽으로 2칸 움직인 위치에 ★을 표시한 것을 찾아 기호를 써 보세요.

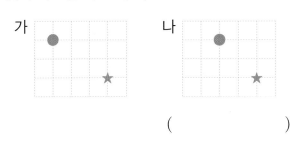

가   나

(   )

👑 점 ㄱ을 선을 따라 다음과 같이 이동한 점을 각각 찾아 써 보세요. [4~6]

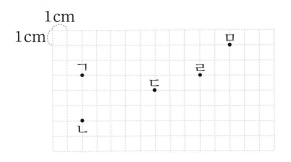

4 점 ㄱ을 오른쪽으로 8 cm 이동한 점을 찾아 써 보세요.

(   )

5 점 ㄱ을 아래쪽으로 3 cm 이동한 점을 찾아 써 보세요.

(   )

⭐중요

6 점 ㄱ을 선을 따라 오른쪽으로 8 cm, 아래쪽으로 3 cm 이동하여 나타내 보세요.

도형을 여러 방향으로 밀기

위쪽으로 밀기

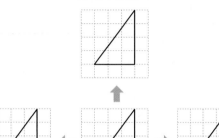

왼쪽으로 밀기   오른쪽으로 밀기

아래쪽으로 밀기

도형을 어느 방향으로 밀어도 도형의 모양은 변하지 않고 위치만 바뀝니다.

개념잡기

(보충) 도형을 어느 방향으로 2번, 3번, ... 밀어도 모양은 항상 처음 도형과 같습니다.

↓ 1번 밀기

↓ 2번 밀기

개념확인 1

모양 조각을 오른쪽, 왼쪽으로 밀었을 때의 모양을 그려 보세요.

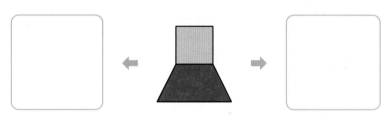

개념확인 2

주어진 도형을 오른쪽, 왼쪽으로 각각 6 cm 밀었을 때의 모양과 위쪽, 아래쪽으로 각각 3 cm 밀었을 때의 모양을 그려 보세요.

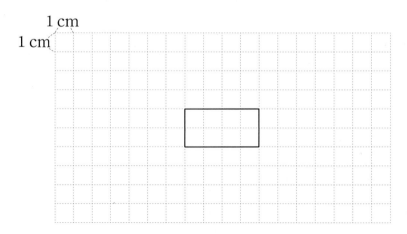

1 cm

1 cm

1 모양 조각을 오른쪽으로 밀었을 때의 모양으로 옳은 것을 찾아 기호를 써 보세요.

(   )

중요

2 그림을 보고 ☐ 안에 알맞은 말을 써넣으세요.

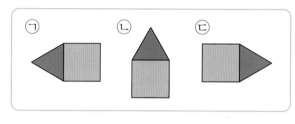

왼쪽 도형을 오른쪽으로 밀어도 도형의 ☐ 은 변하지 않습니다.

3 왼쪽 도형을 오른쪽으로 밀었을 때의 모양을 그려 보세요.

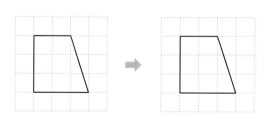

4 오른쪽 도형을 왼쪽으로 밀었을 때의 모양을 그려 보세요.

(1)

(2)

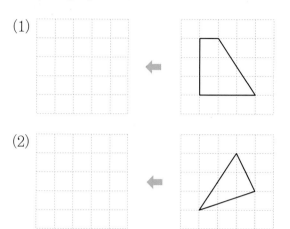

5 위쪽 도형을 아래쪽으로 밀었을 때의 모양을 그려 보세요.

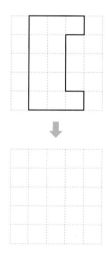

6 아래쪽 도형을 위쪽으로 밀었을 때의 모양을 그려 보세요.

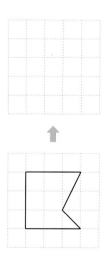

도형을 여러 방향으로 뒤집기

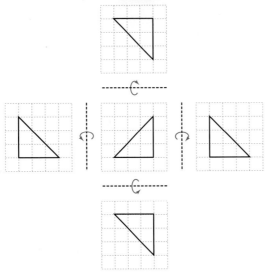

개념잡기

참고 도형을 위쪽으로 뒤집은 모양은 아래쪽으로 뒤집은 모양과 같고, 왼쪽으로 뒤집은 모양은 오른쪽으로 뒤집은 모양과 같습니다.

- 도형을 왼쪽이나 오른쪽으로 뒤집으면 도형의 왼쪽은 오른쪽으로, 오른쪽은 왼쪽으로 바뀝니다.
- 도형을 위쪽이나 아래쪽으로 뒤집으면 도형의 위쪽은 아래쪽으로, 아래쪽은 위쪽으로 바뀝니다.

개념확인 1 모양 조각을 오른쪽, 왼쪽으로 뒤집었을 때의 모양을 그려 보세요.

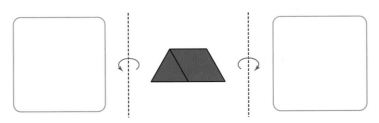

개념확인 2 주어진 도형을 위쪽으로 뒤집었을 때의 모양을 그려 보세요.

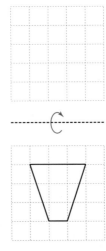

기본 문제를 통해 교과서 개념을 다져요.

1 모양 조각을 오른쪽으로 뒤집었을 때의 모양 으로 옳은 것을 찾아 기호를 써 보세요.

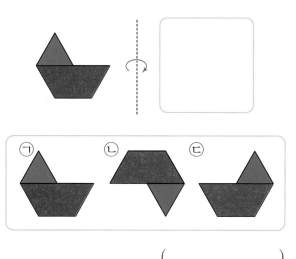

(   )

2 왼쪽 도형을 오른쪽으로 뒤집었을 때의 모양 을 그려 보세요.

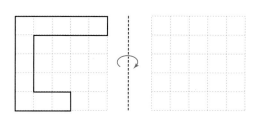

3 오른쪽 도형을 왼쪽으로 뒤집었을 때의 모양 을 그려 보세요.

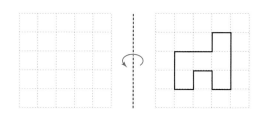

4 위쪽 도형을 아래쪽으로 뒤집었을 때의 모양 을 그려 보세요.

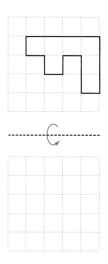

5 아래쪽 도형을 위쪽으로 뒤집었을 때의 모양 을 그려 보세요.

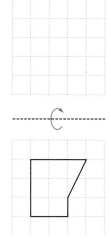

중요

6 □ 안에 알맞은 말을 써넣으세요.

도형을 왼쪽으로 뒤집은 모양은 □쪽으로 뒤집은 모양과 같고, 아래쪽으로 뒤집은 모양은 □쪽으로 뒤집은 모양과 같습니다.

단원 **4**

도형을 여러 방향으로 돌리기

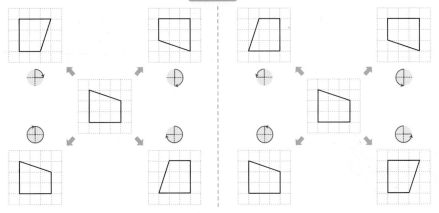

- 도형을 시계 방향으로 90°만큼 돌리면 도형의 방향이 위쪽 → 오른쪽, 오른쪽 → 아래쪽, 아래쪽 → 왼쪽, 왼쪽 → 위쪽으로 바뀝니다.
- 도형을 시계 반대 방향으로 90°만큼 돌리면 도형의 방향이 위쪽 → 왼쪽, 왼쪽 → 아래쪽, 아래쪽 → 오른쪽, 오른쪽 → 위쪽으로 바뀝니다.
- 처음 도형을 180°만큼 돌린 모양은 90°만큼 돌린 모양을 90°만큼 더 돌린 모양과 같습니다.
- 도형을 360°만큼 돌리면 처음 도형과 같아집니다.

개념잡기

- 시계 방향으로 90°만큼 돌린 모양과 시계 반대 방향으로 270°만큼 돌린 모양은 같습니다.
- 시계 방향으로 180°만큼 돌린 모양과 시계 반대 방향으로 180°만큼 돌린 모양은 같습니다.
- 시계 방향으로 270°만큼 돌린 모양과 시계 반대 방향으로 90°만큼 돌린 모양은 같습니다.
- 시계 방향으로 360°만큼 돌린 모양과 시계 반대 방향으로 360°만큼 돌린 모양은 처음 도형과 모양이 같습니다.

---

1 개념확인

모양 조각을 시계 방향으로 90°만큼 돌렸을 때의 모양을 그려 보세요.

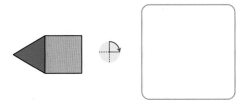

2 개념확인

주어진 도형을 시계 반대 방향으로 90°만큼 돌렸을 때의 모양을 그려 보세요.

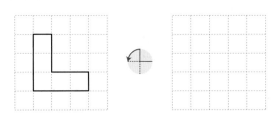

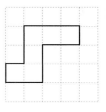

기본 문제를 통해 교과서 개념을 다져요

1 모양 조각을 시계 방향으로 90°만큼 돌렸을 때의 모양으로 옳은 것을 찾아 기호를 써 보세요.

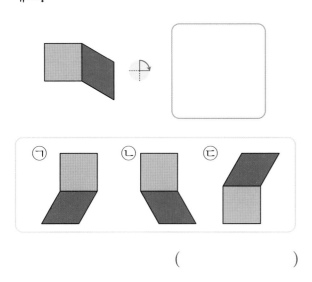

(   )

2 주어진 도형을 시계 방향으로 180°만큼 돌렸을 때의 모양을 그려 보세요.

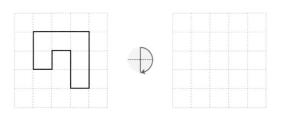

3 주어진 도형을 시계 방향으로 360°만큼 돌렸을 때의 모양을 그려 보세요.

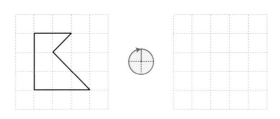

4 오른쪽 도형을 시계 반대 방향으로 주어진 각도만큼 돌렸을 때의 모양을 각각 그려 보세요.

(1)   90°

(2)   180°

(3)   270°

(4)   360°

중요

5 오른쪽 도형을 시계 방향으로 180°만큼 돌렸을 때의 모양과 시계 반대 방향으로 180°만큼 돌렸을 때의 모양을 각각 그려 보고 알맞은 말에 ○표 하세요.

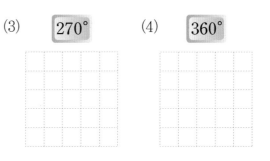

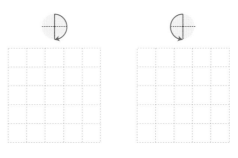

시계 방향으로 180°만큼 돌렸을 때와 시계 반대 방향으로 180°만큼 돌렸을 때의 모양은 (같습니다, 다릅니다).

교과서 개념을 이해하고 확인 문제를 통해 익혀요.

◐ 무늬 꾸미기

평면도형의 이동을 이용하여 규칙적인 무늬를 꾸밀 수 있습니다.

밀기를 이용하여 무늬 꾸미기

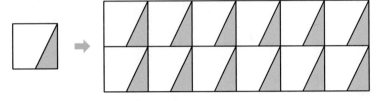

뒤집기를 이용하여 무늬 꾸미기

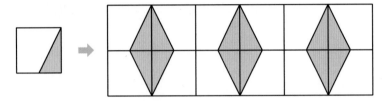

돌리기를 이용하여 무늬 꾸미기

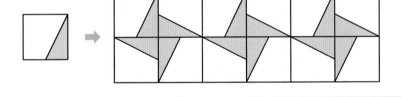

---

1 개념확인

주어진 모양으로 밀기를 이용하여 규칙적인 무늬를 만들어 보세요.

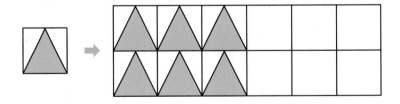

2 개념확인

주어진 모양으로 돌리기를 이용하여 규칙적인 무늬를 만들어 보세요.

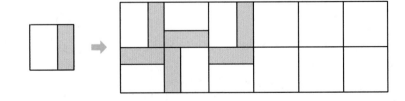

기본 문제를 통해 교과서 개념을 다져요.

1 ▷ 모양으로 밀기를 이용하여 규칙적인 무늬를 만들어 보세요.

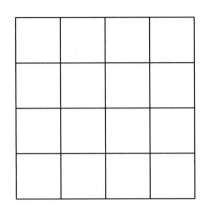

일정한 규칙에 따라 만들어진 무늬를 보고 빈 곳에 들어갈 모양을 그려 보세요. [4~5]

4

(그림)

2 ◁ 모양으로 뒤집기를 이용하여 규칙적인 무늬를 만들어 보세요.

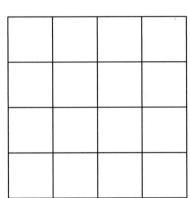

5

(그림)

3 ◩ 모양으로 돌리기를 이용하여 규칙적인 무늬를 만들어 보세요.

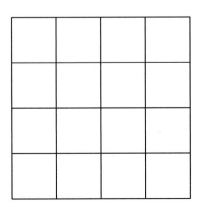

★중요

6 ◻ 모양을 어떻게 움직여서 무늬를 만들었는지 설명해 보세요.

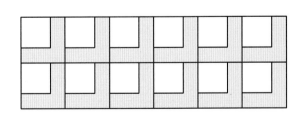

_____

_____

유형 **1** 점의 이동 알아보기

> 점의 이동을 설명할 때에는 어느 방향으로 몇 칸 이동했는지를 설명합니다.

1-1 점 ㄱ을 점 ㄴ으로 이동하려면 어느 쪽으로 몇 칸 이동해야 하는지 □ 안에 알맞은 말이나 수를 써넣으세요.

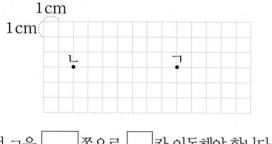

점 ㄱ을 □ 쪽으로 □ 칸 이동해야 합니다.

♛ 그림을 보고 물음에 답해 보세요. [1-2~1-3]

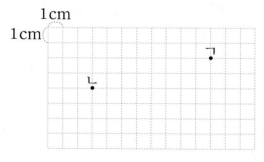

1-2 점 ㄱ을 선을 따라 아래쪽으로 4 cm, 왼쪽으로 6 cm 이동하여 나타내 보세요.

1-3 점 ㄴ에서 선을 따라 점 ㄱ까지 이동하려면 적어도 몇 cm를 이동해야 하나요?

( )

♛ 그림을 보고 물음에 답해 보세요. [1-4~1-6]

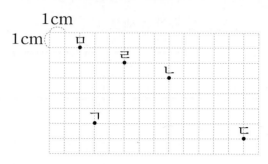

1-4 □ 안에 알맞은 수나 말을 써넣으세요.

> 점 ㄱ이 점 ㄴ에 도착하려면 오른쪽 □ cm, □ 으로 □ cm 이동해야 합니다.

1-5 잘못 말한 친구의 이름을 쓰고, 잘못 말한 내용을 바르게 고쳐 보세요.

> 지윤: 점 ㄷ을 위쪽으로 4 cm, 왼쪽으로 8 cm 이동하면 점 ㄹ에 도착해.
> 예린: 점 ㄷ을 왼쪽으로 11 cm, 위쪽으로 6 cm 이동하면 점 ㅁ에 도착해.

( )

바르게 고치기

🚨 잘 틀려요

1-6 점 ㄱ을 출발하여 선을 따라 점 ㄴ, 점 ㄷ, 점 ㄹ, 점 ㅁ까지 이동하려고 할 때 이동할 거리가 가장 멀리에 있는 점은 어느 것인가요?

( )

유형 **2** **평면도형 밀기**

도형을 어느 방향으로 밀어도 도형의 모양은 변하지 않고 위치만 변합니다.

2-1 모양 조각을 왼쪽으로 밀었을 때의 모양을 그려 보세요.

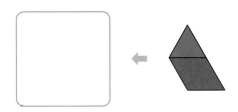

2-2 왼쪽 도형을 오른쪽으로 밀었을 때의 모양을 그려 보세요.

(1)
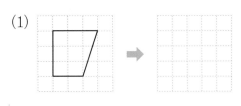

(2)
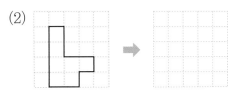

◀대표유형▶

2-3 도형을 주어진 방향으로 밀었을 때의 모양을 그려 보세요.

(1)
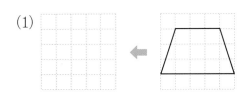

(2)
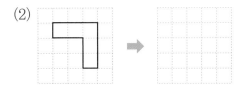

2-4 옳지 <u>않은</u> 것을 찾아 기호를 써 보세요.

> ㉠ 도형을 어느 방향으로 밀어도 위치는 변하지 않습니다.
>
> ㉡ 도형을 어느 방향으로 밀어도 모양은 변하지 않습니다.

(   )

2-5 주어진 도형을 ➡ 방향으로 밀었을 때의 모양을 각각 그려 보세요.

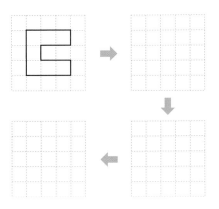

🎓시험에 잘 나와요

2-6 주어진 도형을 오른쪽으로 6 cm 밀었을 때의 모양을 그려 보세요.

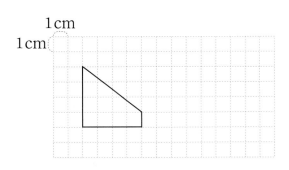

유형 **3** 평면도형을 뒤집기

- 도형을 왼쪽이나 오른쪽으로 뒤집으면 도형의 왼쪽은 오른쪽으로, 오른쪽은 왼쪽으로 바뀝니다.
- 도형을 위쪽이나 아래쪽으로 뒤집으면 도형의 위쪽은 아래쪽으로, 아래쪽은 위쪽으로 바뀝니다.

3-1 모양 조각을 위쪽으로 뒤집었을 때의 모양을 그려 보세요.

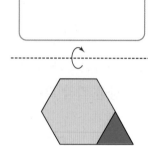

3-2 왼쪽 도형을 오른쪽으로 뒤집었을 때의 모양을 그려 보세요.

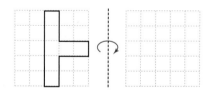

3-3 위쪽 도형을 아래쪽으로 뒤집었을 때의 모양을 그려 보세요.

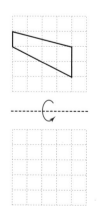

3-4 주어진 도형을 왼쪽으로 뒤집었을 때의 모양과 아래쪽으로 뒤집었을 때의 모양을 각각 그려 보세요.

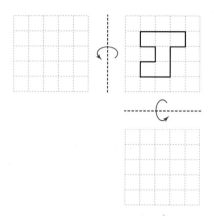

3-5 주어진 도형을 오른쪽으로 뒤집은 뒤 위쪽으로 뒤집었을 때의 모양을 그려 보세요.

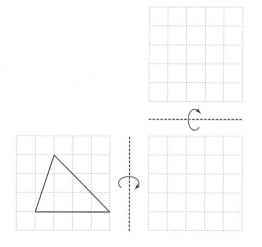

3-6 오른쪽 숫자 카드를 왼쪽으로 뒤집었을 때의 모양은 어느 것인가요?

(　　　)

①   ② ⊙ ③ ⊙

④   ⑤

3-7 오른쪽으로 뒤집기를 한 모양과 위쪽으로 뒤집기를 한 모양이 같은 도형을 모두 찾아 기호를 써 보세요.

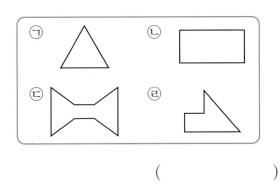

(   )

3-8 왼쪽 도형을 오른쪽으로 2번 뒤집었을 때의 모양을 그려 보고, 알맞은 말에 ○표 하세요.

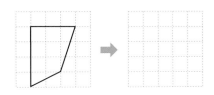

도형을 오른쪽으로 2번 뒤집었을 때의 모양과 처음 도형의 모양은 서로 (같습니다, 다릅니다).

3-9 어떤 도형을 아래쪽으로 뒤집었더니 주어진 도형과 같은 모양이 되었습니다. 처음 도형을 그려 보세요.

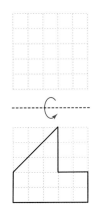

- 도형을 시계 방향으로 90°만큼 돌리면 도형의 방향이 위쪽 → 오른쪽, 오른쪽 → 아래쪽, 아래쪽 → 왼쪽, 왼쪽 → 위쪽으로 바뀝니다.
- 도형을 시계 반대 방향으로 90°만큼 돌리면 도형의 방향이 위쪽 → 왼쪽, 왼쪽 → 아래쪽, 아래쪽 → 오른쪽, 오른쪽 → 위쪽으로 바뀝니다.
- 처음 도형을 180°만큼 돌린 모양은 90°만큼 돌린 모양을 90°만큼 더 돌린 모양과 같습니다.
- 도형을 360°만큼 돌리면 처음 도형과 같아집니다.

4-1 모양 조각을 시계 방향으로 180°만큼 돌렸을 때의 모양을 그려 보세요.

4-2 왼쪽 도형을 시계 반대 방향으로 90°만큼 돌렸을 때의 모양을 그려 보세요.

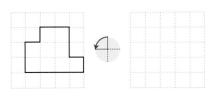

4-3 왼쪽 도형을 시계 반대 방향으로 270°만큼 돌렸을 때의 모양을 그려 보세요.

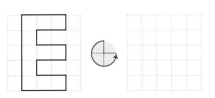

4-4 오른쪽 도형을 여러 방향으로 돌렸을 때의 모양을 나타낸 것입니다. 보기 에서 알맞은 방향을 찾아 기호를 써 보세요.

보기
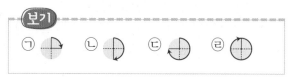

(1)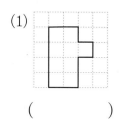

( )

(2)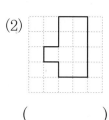

( )

4-5 오른쪽 수 카드를 여러 방향으로 돌렸을 때의 모양을 찾아 선으로 이어 보세요.

38

4-6 왼쪽 도형을 시계 반대 방향으로 돌렸더니 오른쪽 모양이 되었습니다. 시계 반대 방향으로 얼마만큼 돌렸는지 에 화살표로 표시해 보세요.

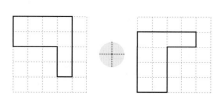

4-7 오른쪽 도형을 보고 물음에 답해 보세요.

(1) 주어진 도형을 시계 방향으로 270°만큼 돌렸을 때의 모양을 그려 보세요.

(2) 주어진 도형을 시계 반대 방향으로 90°만큼 돌렸을 때의 모양을 그려 보세요.

(3) 도형을 시계 방향으로 270°만큼 돌렸을 때의 모양과 시계 반대 방향으로 90°만큼 돌렸을 때의 모양은 서로 같은가요, 다른가요?

( )

4-8 어떤 도형을 시계 방향으로 90°만큼 돌린 모양입니다. 처음 도형을 그려 보세요.

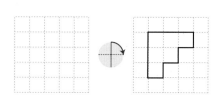

4-9 어떤 도형을 시계 반대 방향으로 180°만큼 돌린 모양입니다. 처음 도형을 그려 보세요.

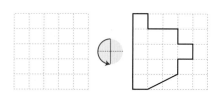

유형 **5** 무늬 꾸미기

평면도형의 이동을 이용하여 규칙적인 무늬를 만들 수 있습니다.

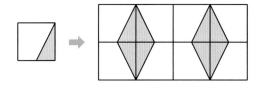

모양으로 뒤집기를 이용하여 규칙적인 무늬를 만들었습니다.

5-1 모양으로 밀기를 이용하여 규칙적인 무늬를 만들어 보세요.

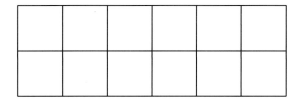

5-2 모양으로 뒤집기를 이용하여 규칙적인 무늬를 만들어 보세요.

5-3 모양으로 돌리기를 이용하여 규칙적인 무늬를 만들어 보세요.

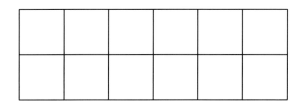

5-4 오른쪽 무늬는 어떤 모양으로 밀기 방법을 이용하여 만든 것인지 빈 곳에 알맞게 그려 보세요.

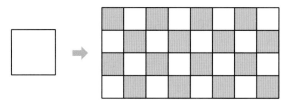

5-5 오른쪽 무늬는 어떤 모양으로 뒤집기 방법을 이용하여 만든 것인지 빈 곳에 알맞게 그려 보세요.

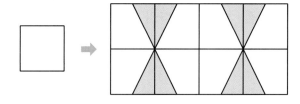

5-6 오른쪽 무늬는 어떤 모양으로 돌리기 방법을 이용하여 만든 것인지 빈 곳에 알맞게 그려 보세요.

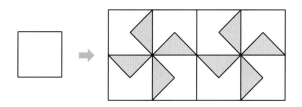

5-7 왼쪽 모양으로 규칙적인 무늬를 만든 것입니다. 만든 방법을 설명해 보세요.

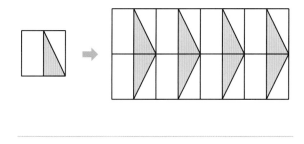

1 점 ㄱ을 선을 따라 아래쪽으로 3 cm, 오른쪽
으로 8 cm 이동한 점을 찾아 써 보세요.

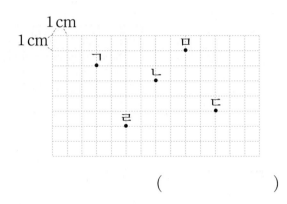

(   )

2 점 ㄱ을 선을 따라 위쪽으로 5 cm, 왼쪽으로
9 cm 이동하여 나타내 보세요.

3 주어진 도형을 왼쪽, 아래쪽으로 밀었을 때의
모양을 각각 그려 보세요.

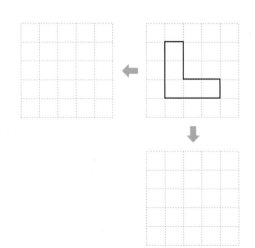

4 주어진 도형을 오른쪽으로 민 뒤 위쪽으로 밀
었을 때의 모양을 그려 보세요.

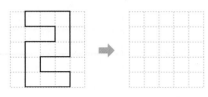

5 주어진 도형을 오른쪽으로 7 cm 민 뒤 아래쪽
으로 4 cm 밀었을 때의 모양을 그려 보세요.

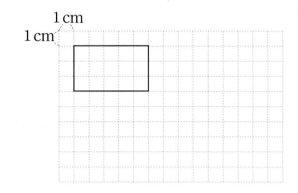

6 도형의 이동 방법을 설명해 보세요.

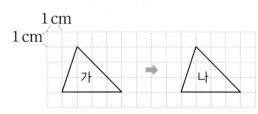

나 도형은 가 도형을 _____

_____

7 주어진 도형을 위쪽, 오른쪽으로 뒤집었을 때의 모양을 각각 그려 보세요.

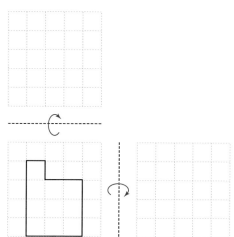

8 도형을 여러 방향으로 뒤집었을 때의 모양을 각각 그려 보세요.

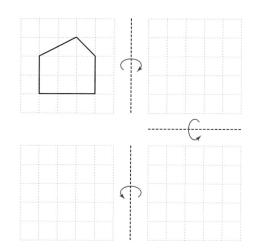

9 알파벳 대문자를 오른쪽으로 뒤집었을 때 처음과 같은 알파벳을 찾아 써 보세요.

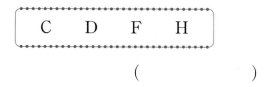

( )

10 도형 뒤집기에 대한 설명으로 옳지 <u>않은</u> 것을 찾아 기호를 써 보세요.

> ㉠ 도형을 오른쪽으로 2번 뒤집으면 처음 모양과 같습니다.
> ㉡ 도형을 위쪽으로 뒤집었을 때의 모양과 아래쪽으로 뒤집었을 때의 모양은 같습니다.
> ㉢ 도형을 위쪽으로 한 번 뒤집으면 왼쪽 부분은 오른쪽으로, 오른쪽 부분은 왼쪽으로 바뀝니다.

( )

11 어떤 도형을 아래쪽으로 뒤집었을 때의 모양입니다. 처음 도형을 그려 보세요.

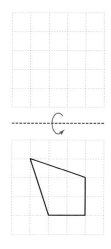

12 도형을 뒤집었을 때 처음 도형과 모양이 <u>다른</u> 것을 찾아 기호를 써 보세요.

> ㉠ 오른쪽으로 4번   ㉡ 위쪽으로 3번
> ㉢ 왼쪽으로 6번   ㉣ 아래쪽으로 2번

( )

13 오른쪽 도형을 다음과 같이 움직였을 때 모양이 처음과 같아지는 것을 모두 찾아 기호를 써 보세요.

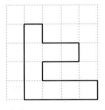

> ㉠ 오른쪽으로 한 번 뒤집기
> ㉡ 왼쪽으로 두 번 뒤집기
> ㉢ 위쪽으로 한 번 뒤집고, 아래쪽으로 한 번 뒤집기

(   )

14 오른쪽 모양으로 돌리기 방법을 이용하여 무늬를 만들 때, 나올 수 없는 모양은 어느 것인가요? (   )

①    ②

③   ④

⑤

15 왼쪽 도형을 시계 방향으로 180°만큼 돌렸을 때의 모양이 되도록 색칠해 보세요.

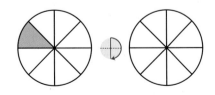

16 시계 방향으로 90°만큼 돌렸을 때의 모양과 시계 반대 방향으로 90°만큼 돌렸을 때의 모양이 같은 것은 어느 것인가요? (   )

①   ②   ③

④   ⑤

17 그림을 보고 ☐ 안에 알맞게 써넣으세요.

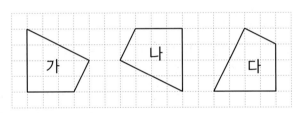

(1) 도형 가를 시계 반대 방향으로 90°만큼 돌리면 도형 ☐ 가 됩니다.

(2) 도형 나를 시계 방향으로 ☐ 만큼 돌리면 도형 가가 됩니다.

18 모양 조각을 어느 방향으로 얼마만큼 돌렸는지 설명해 보세요.

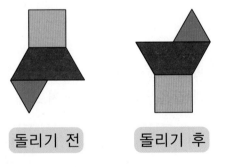

돌리기 전   돌리기 후

모양 조각을 _____

돌리기를 하였습니다.

19 어떤 도형을 시계 방향으로 270°만큼 돌린 모양입니다. 처음 도형을 그려 보세요.

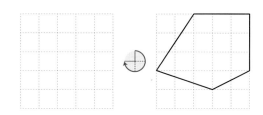

20 두 자리 수가 적힌 카드를 시계 방향으로 180°만큼 돌렸을 때 만들어지는 수와 처음 수의 차는 얼마인지 구해 보세요.

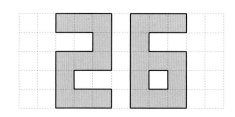

(1) 두 자리 수가 적힌 카드를 시계 방향으로 180°만큼 돌렸을 때 만들어지는 수는 얼마인가요?

(   )

(2) 위 (1)에서 구한 수와 처음 수의 차는 얼마인가요?

(   )

21 주어진 도형을 시계 방향으로 90°만큼 4번 돌린 모양을 그려 보세요.

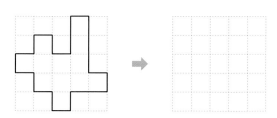

22 일정한 규칙에 따라 만들어진 무늬입니다. 빈곳에 들어갈 모양을 그려 보세요.

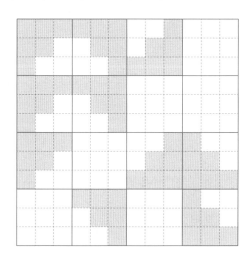

23 돌리기를 이용하여 아래와 같은 무늬를 만들 수 있는 모양을 모두 찾아 기호를 써 보세요.

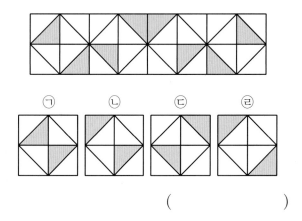

(   )

24 왼쪽 모양으로 규칙적인 무늬를 만든 것입니다. 만든 방법을 설명해 보세요.

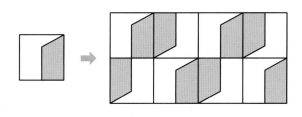

_____

_____

1 점 ㄱ을 선을 따라 점 ㄴ의 위치로 이동한 방법을 설명해 보세요.

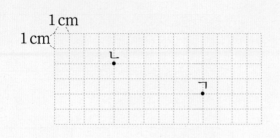

✎ **설명** 점 ㄱ을 왼쪽으로 ☐ cm, 위쪽으로 ☐ cm 이동했습니다.

1-1 점 ㄱ을 선을 따라 점 ㄴ의 위치로 이동한 방법을 설명해 보세요.

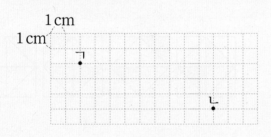

✎ **설명**

_____

_____

_____

_____

2 오른쪽 수를 위쪽으로 뒤집었을 때 나오는 수와 시계 방향으로 180°만큼 돌렸을 때 나오는 수를 더하면 얼마인지 풀이 과정을 쓰고 답을 구해 보세요.

2

✎ **풀이** 주어진 수를 위쪽으로 뒤집었을 때 나오는 수는 ☐ 이고, 시계 방향으로 180° 만큼 돌렸을 때 나오는 수는 ☐ 입니다. 따라서 나오는 두 수를 더하면 ☐ + ☐ = ☐ 입니다.

🧩 **답** _____☐_____

2-1 오른쪽 수를 아래쪽으로 2번 뒤집었을 때 나오는 수와 시계 반대 방향으로 180°만큼 돌렸을 때 나오는 수를 더하면 얼마인지 풀이 과정을 쓰고 답을 구해 보세요.

6

✎ **풀이**

_____

_____

_____

_____

🧩 **답** _____

3 3장의 숫자 카드 ③, ⑥, ⑨ 중에서 2장을 뽑아 가장 큰 두 자리 수를 만들었습니다. 만든 두 자리 수를 시계 방향으로 180°만큼 돌리면 어떤 수가 되는지 풀이 과정을 쓰고 답을 구해 보세요.

 숫자 카드로 만든 가장 큰 두 자리 수는 ☐입니다.

만든 가장 큰 두 자리 수인 ☐을 시계 방향으로 180°만큼 돌리면 ☐이 됩니다.

답 ☐

3-1 3장의 숫자 카드 ①, ②, ⑦ 중에서 2장을 뽑아 가장 작은 두 자리 수를 만들었습니다. 만든 두 자리 수를 시계 반대 방향으로 180°만큼 돌리면 어떤 수가 되는지 풀이 과정을 쓰고 답을 구해 보세요.

_____

_____

_____

_____

답 _____

4 왼쪽 모양으로 규칙적인 무늬를 만들고, 만든 방법을 설명해 보세요.

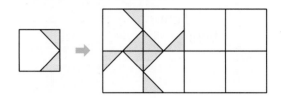

설명 예 ◸ 모양을 시계 방향으로 ☐°만큼 돌리는 것을 반복하여 모양을 만들고, 그 모양을 오른쪽으로 (밀어서, 뒤집어서) 무늬를 만들었습니다.

4-1 왼쪽 모양으로 규칙적인 무늬를 만들고, 만든 방법을 설명해 보세요.

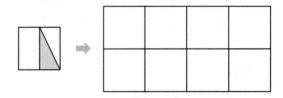

설명

_____

_____

_____

_____

점 ㄱ을 선을 따라 점 ㄴ의 위치로 이동한 것입니다. 어느 방향으로 몇 cm 이동했는지 □ 안에 알맞은 수를 써넣으세요. [1~2]

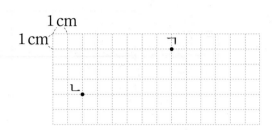

1 점 ㄱ을 왼쪽으로 □ cm, 아래쪽으로 □ cm 이동했습니다.

2 점 ㄱ을 아래쪽으로 □ cm, 왼쪽으로 □ cm 이동했습니다.

3 점 ㄱ을 선을 따라 왼쪽으로 4 cm, 위쪽으로 3 cm 이동하여 나타내 보세요.

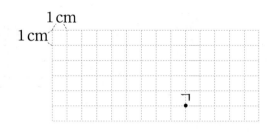

4 주어진 방향으로 밀었을 때의 모양을 그려 보세요.

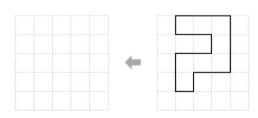

5 주어진 도형을 오른쪽으로 밀었을 때의 모양을 그려 보세요.

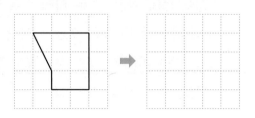

6 주어진 도형을 위쪽, 오른쪽으로 밀었을 때의 모양을 각각 그려 보세요.

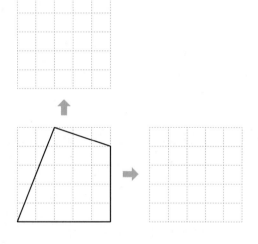

7 주어진 도형을 오른쪽으로 8 cm 밀었을 때의 모양을 그려 보세요.

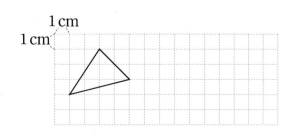

단원 4

8 주어진 도형을 오른쪽으로 뒤집었을 때의 모양을 그려 보세요.

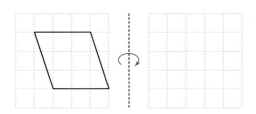

9 보기의 모양 조각을 아래쪽으로 뒤집었을 때의 모양을 찾아 ○표 하세요.

 (   )   (   )

10 주어진 도형을 왼쪽으로 뒤집었을 때와 아래쪽으로 뒤집었을 때의 모양을 각각 그려 보세요.

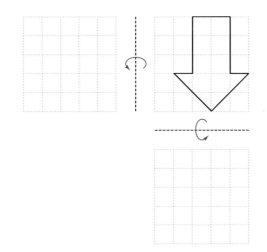

11 오른쪽 도형을 다음과 같이 움직였을 때 모양이 변하는 것은 어느 것인가요? (   )

① 위로 밀기
② 아래쪽으로 뒤집기
③ 오른쪽으로 뒤집기
④ 왼쪽으로 밀기
⑤ 위쪽으로 뒤집기

12 도형을 오른쪽으로 뒤집었을 때의 모양이 처음 도형과 같은 것을 찾아 기호를 써 보세요.

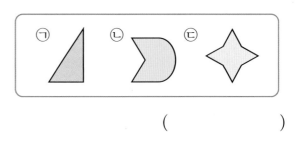

(   )

👑 왼쪽 도형을 주어진 방향으로 돌렸을 때의 모양을 그려 보세요. [13~14]

13

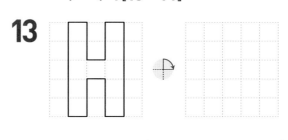

14

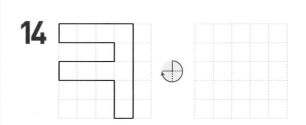

15 보기의 도형을 시계 반대 방향으로 90°만큼 돌렸을 때의 모양에 ○표 하세요.

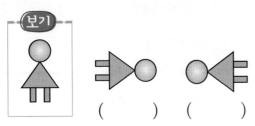

(   ) (   )

16 어떤 도형을 표시한 것과 같이 각각 돌렸을 때 같은 모양이 나오는 것끼리 선으로 이어 보세요.

17 왼쪽 도형을 어느 방향으로 돌리면 오른쪽 모양이 나오나요? (   )

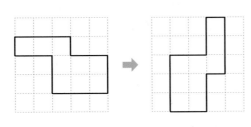

①   ②   ③

④   ⑤

18 왼쪽 도형을 시계 방향으로 180°만큼 3번 돌렸을 때의 모양을 그려 보세요.

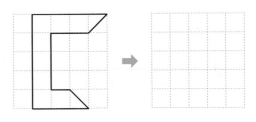

19 어떤 도형을 시계 반대 방향으로 90°만큼 돌렸더니 오른쪽 모양이 되었습니다. 처음 도형을 왼쪽에 그려 보세요.

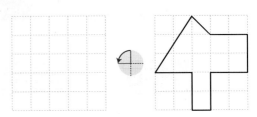

20 뒤집기를 이용하여 규칙적인 무늬를 만들어 보세요.

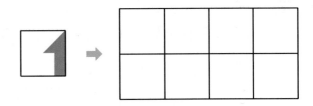

21 오른쪽 무늬는 어떤 모양으로 돌리기 방법을 이용하여 만든 것인지 빈 곳에 알맞게 그려 보세요.

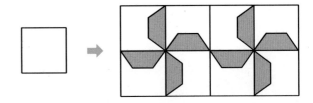

22 정사각형 모양을 완성하려면 가, 나, 다 조각을 어떻게 밀어야 하는지 설명해 보세요.

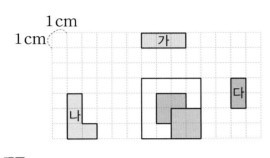

설명

23 도형을 일정한 규칙으로 움직인 것입니다. 움직인 규칙을 설명하고 8째에 알맞은 도형을 그려 보세요.

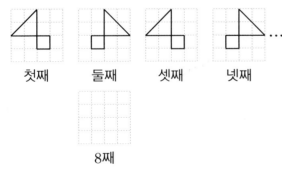

설명

24 '운'이라는 글자를 '공'이 되도록 돌리는 방법을 2가지 방법으로 설명해 보세요.

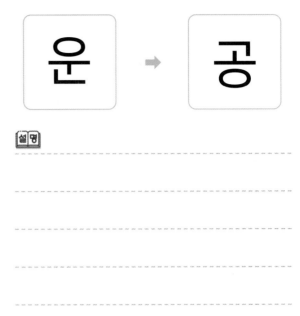

설명

25 두 수를 각각 시계 방향으로 180°만큼 돌렸을 때 나오는 두 수의 차는 얼마인지 풀이 과정을 쓰고 답을 구해 보세요.

풀이

답

4. 평면도형의 이동 ◆ 137

탐구 수학

① 가영이가 조각 ㉠을 시계 방향으로 90°만큼 10번을 돌렸더니 조각 ㉡과 같은 모양이 되었습니다. 이 조각은 처음에 어떤 모양으로 놓여 있었는지 그려 보고, 문제를 해결한 방법을 설명해 보세요.

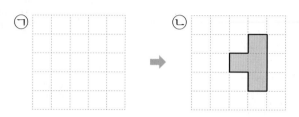

> ㉠ 조각을 시계 방향으로 90°만큼 4번 돌릴 때마다 처음 모양이 되므로 90°만큼
>
> 10번 돌린 모양은 시계 방향으로 90°만큼 ☐번 돌린 모양과 같습니다.
>
> 따라서 조각 ㉡을 시계 반대 방향으로 90°만큼 ☐번 돌리면 처음 놓여 있던
> 모양을 완성할 수 있습니다.

② 예슬이가 조각 ㉠을 시계 방향으로 90°만큼 5번을 돌렸더니 조각 ㉡과 같은 모양이 되었습니다. 이 조각은 처음에 어떤 모양으로 놓여 있었는지 그려 보고, 문제를 해결한 방법을 설명해 보세요.

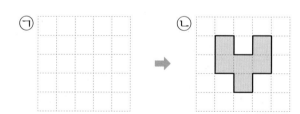

생활 속의 수학

밀고 뒤집고 돌리고~

오늘은 토요일이에요. 지혜는 평소에 책 읽기를 좋아해서 오늘은 실컷 책을 볼 생각에 기분이 좋아져 서둘러 아침 식사를 했어요. 식사를 후다닥 마치고 방에 들어와 보니 책상 위에 있던 책이 안 보이는 거예요.

"현준아, 이리 와봐. 누나 책 봤니? 책이 없어."

"누나, 옆의 침대에 있잖아. 나는 침대에서 책 보는 게 좋아서 아까 침대에 누워서 보고는 그대로 침대에 두었지."

"야, 그러면 어떡해. 원래 있던 자리에 그대로 두어야지."

"아이참, 원래 있던 모양 그대로 위치만 바꿔서 놓은 거잖아. 책을 옆으로 밀어 두어서찌그러진 것도 아닌데. 모양도 변하지 않았고, 위치만 바뀐 건데 뭘~ "

"그래도 다음부터는 꼭 제자리에 둬! 안 그러면 혼난다."

"그렇게 화내지 말고, 거울이나 봐. 누나 오른쪽 볼에 밥풀 붙었단 말이야."

지혜는 얼른 거울을 보았어요. 거울 속 지혜의 오른쪽 볼에 밥풀이 하나 붙어 있었지요.

"야, 이건 왼쪽 볼에 붙어 있는 거지."

"무슨, 오른쪽이지~"

"네가 내 얼굴을 볼 때는 왼쪽과 오른쪽이 뒤집어져 보이는 거야. 거울에 비치는 모습도 실제의 모습을 왼쪽이나 오른쪽으로 뒤집은 모양으로 보이는 거구."

"아, 그렇구나. 내가 왼팔을 들었더니 거울 속 나는 오른 팔을 들었어. 정말 신기하다. 무언가를 왼쪽이나 오른쪽으로 뒤집으면 왼쪽과 오른쪽의 방향이 바뀐단 말이지? 그러네. "

"이렇게 뒤집어지는 걸 이용해서 만든 게 있어. 그게 뭐냐면 바로 도장이야. 도장을 찍어서 글자가 똑바로 나오게 하려면 왼쪽 오른쪽이 바뀌게 도장을 만들어야 하거든."

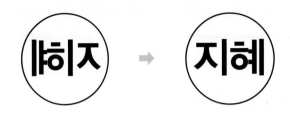

"누나, 알겠어. 이제 나는 게임을 하러 갈거야."
현준이는 자기 방으로 쏙 들어갔어요. 요즘에 현준이가 좋아하는 게임은 테트리스 게임이에요.
'테트리스'는 1984년에 만들어진 오래된 컴퓨터 게임인데 7가지 조각을 이리저리 돌려서 한 줄씩 꽉 차게 만들면 그 줄이 없어지는 게임이에요. 키를 한 번 누를 때마다 조각은 시계 방향으로 90°만큼 돌려진답니다.

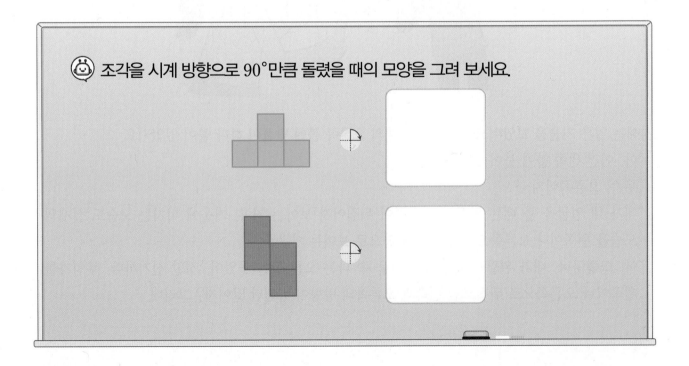

조각을 시계 방향으로 90°만큼 돌렸을 때의 모양을 그려 보세요.

5 단원 막대그래프

이번에 배울 내용

1 막대그래프 알아보기

2 막대그래프의 내용 알아보기

3 막대그래프로 나타내기

4 막대그래프 해석하기

이전에 배운 내용

• 그림그래프 알아보기
• 그림그래프로 나타내기
• 그림그래프 해석하기

다음에 배울 내용

• 꺾은선그래프 알아보기
• 꺾은선그래프로 나타내기
• 꺾은선그래프 해석하기

막대그래프 알아보기

조사한 자료를 막대 모양으로 나타낸 그래프를 막대그래프라고 합니다.

좋아하는 과목별 학생 수

과목	국어	사회	수학	과학	합계
학생 수(명)	6	3	7	5	21

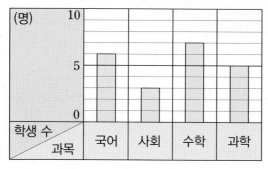

좋아하는 과목별 학생 수

그래프의 가로와 세로를 바꾸어 막대를 가로로 나타낼 수도 있습니다.

좋아하는 과목별 학생 수

개념잡기

참고 표는 각 항목별로 조사한 수량과 전체 조사 대상의 합계를 알아내기가 쉽고 막대그래프는 여러 항목의 수량을 한눈에 비교하기 쉽습니다.

개념확인 1 가영이네 반 학생들이 좋아하는 계절을 조사하여 나타낸 표와 막대그래프입니다. 물음에 답해 보세요.

좋아하는 계절별 학생 수

계절	봄	여름	가을	겨울	합계
학생 수(명)	5	4	3	8	20

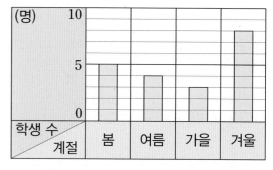

좋아하는 계절별 학생 수

(1) 막대의 길이는 무엇을 나타내나요?

( )

(2) 학생들이 어떤 계절을 좋아하는지 한눈에 비교하려면 표와 막대그래프 중에서 어느 것이 더 편리하나요?

( )

기본 문제를 통해 교과서 개념을 다져요.

1 □ 안에 알맞은 말을 써넣으세요.

> 조사한 자료를 막대 모양으로 나타낸 그래프를
> [　　　　] 라고 합니다.

👑 영수네 반 학생들이 좋아하는 동물을 조사하여 나타낸 표와 막대그래프입니다. 물음에 답해 보세요. [5~8]

좋아하는 동물별 학생 수

동물	사자	고양이	호랑이	코끼리	합계
학생 수(명)	7	3	5	6	21

좋아하는 동물별 학생 수

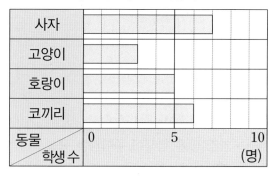

👑 석기네 반 학생들이 가장 좋아하는 사탕을 조사하여 나타낸 막대그래프입니다. 물음에 답해 보세요. [2~4]

좋아하는 사탕별 학생 수

2 막대그래프에서 가로와 세로는 각각 무엇을 나타내나요?

가로 (　　　　　　　)
세로 (　　　　　　　)

3 막대의 길이는 무엇을 나타내나요?

(　　　　　　　)

4 세로 눈금 한 칸은 몇 명을 나타내나요?

(　　　　　　　)

5 막대그래프에서 가로와 세로는 각각 무엇을 나타내나요?

가로 (　　　　　　　)
세로 (　　　　　　　)

6 가로 눈금 한 칸은 몇 명을 나타내나요?

(　　　　　　　)

7 조사한 학생 수가 모두 몇 명인지 알아보려면 어느 자료가 더 편리하나요?

(　　　　　　　)

⭐중요

8 가장 많은 학생이 좋아하는 동물을 한눈에 알기 쉬운 것은 표와 막대그래프 중 어느 것인가요?

(　　　　　　　)

👉 **막대그래프를 보고 여러 가지 내용 알아보기**

좋아하는 색깔별 학생 수

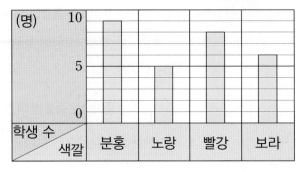

- 막대그래프에서 가로는 색깔을 나타내고, 세로는 학생 수를 나타냅니다.
- 가장 많은 학생이 좋아하는 색깔은 분홍입니다.
- 가장 적은 학생이 좋아하는 색깔은 노랑입니다.
- 가장 많은 학생이 좋아하는 색깔부터 차례대로 쓰면 분홍, 빨강, 보라, 노랑입니다.
- 빨강을 좋아하는 학생은 노랑을 좋아하는 학생보다 3명 더 많습니다.

개념잡기

◇ **막대그래프의 특징**
 ① 수의 크기를 막대의 길이로 나타냅니다.
 ② 항목별 수의 크기를 비교하기 쉽습니다.
 ③ 전체적인 분포를 한눈에 쉽게 알아볼 수 있습니다.

---

1 **개념확인**

어느 초등학교 4학년 학생들이 크리스마스에 받고 싶어 하는 선물을 조사하여 나타낸 막대그래프입니다. 물음에 답해 보세요.

받고 싶어 하는 선물별 학생 수

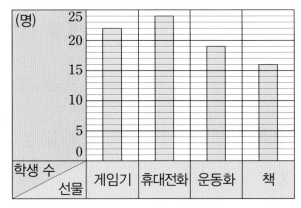

(1) 가로와 세로는 각각 무엇을 나타내나요?

가로 (   ), 세로 (   )

(2) 가장 많은 학생이 크리스마스에 받고 싶어 하는 선물은 무엇인가요?

(   )

(3) 크리스마스에 받고 싶어 하는 선물이 운동화인 학생은 몇 명인가요?

(   )

기본 문제를 통해 교과서 개념을 다져요.

👑 석기네 학교 4학년 반별 여학생 수를 조사하여 나타낸 막대그래프입니다. 물음에 답해 보세요.

[1~4]

반별 여학생 수

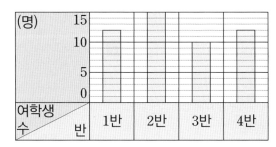

👑 학생들이 좋아하는 김치를 조사하여 나타낸 막대그래프입니다. 물음에 답해 보세요. [5~8]

좋아하는 김치별 학생 수

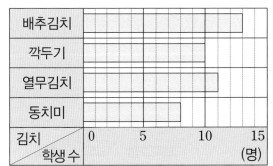

1 가로와 세로는 각각 무엇을 나타내나요?

가로 (   )

세로 (   )

5 가장 많은 학생이 좋아하는 김치는 무엇인 가요?

(   )

2 여학생 수가 가장 많은 반은 몇 반인가요?

(   )

6 둘째로 많은 학생이 좋아하는 김치는 무엇인 가요?

(   )

3 여학생 수가 가장 적은 반은 몇 반인가요?

(   )

7 좋아하는 학생 수가 10명보다 적은 김치는 무 엇인가요?

(   )

4 1반과 4반의 학생 수는 같다고 할 수 있습니 까? '예' 또는 '아니요'라고 대답하고 그 이유를 써 보세요.

_____

_____

_____

(   )

⭐중요

8 그래프를 통해 알 수 있는 내용을 찾아 문제를 만들고 답을 구해 보세요.

┌─────────────────────┐
│ **문제**   │
│   │
│   │
└─────────────────────┘

(   )

막대그래프 그리는 순서

① 가로와 세로 중 어느 쪽에 조사한 수를 나타낼 것인지 정합니다.

② 눈금 한 칸의 크기를 정하고, 조사한 수 중 가장 큰 수를 나타낼 수 있도록 눈금의 수를 정합니다.

③ 조사한 수에 맞도록 막대를 그립니다.

④ 막대그래프에 알맞은 제목을 붙입니다.

개념잡기

(보충) 막대그래프의 가로와 세로가 각각 나타내는 것을 먼저 결정하여 그립니다.

(참고) 막대그래프에서 양의 크기는 막대의 폭이 아니라 그 길이로 나타냅니다.

막대가 가로인 막대그래프로 그릴 수 있어!

좋아하는 프로그램별 학생 수

프로그램	드라마	만화	음악	스포츠	합계
학생 수(명)	5	7	4	2	18

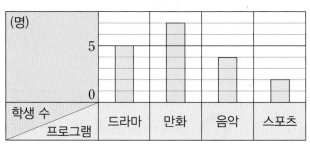

좋아하는 프로그램별 학생 수

개념확인 1

웅이네 반 학생들이 좋아하는 과일을 조사하여 나타낸 표입니다. 물음에 답해 보세요.

좋아하는 과일별 학생 수

과일	귤	포도	바나나	딸기	합계
학생 수(명)	8	2	5	7	22

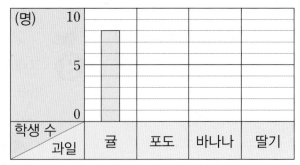

좋아하는 과일별 학생 수

(1) 가로와 세로는 각각 무엇을 나타내나요?

가로 (   ), 세로 (   )

(2) 세로 눈금은 적어도 몇 명까지 나타낼 수 있어야 하나요?   (   )

(3) 표를 보고 막대그래프로 나타내 보세요.

기본 문제를 통해 교과서 개념을 다져요.

👑 학생들이 존경하는 위인을 조사하였습니다. 물음에 답해 보세요. [1~3]

존경하는 위인

이순신	세종대왕	장보고	이순신	이이
세종대왕	이순신	이이	세종대왕	장보고
이순신	장보고	이이	이순신	세종대왕
이이	이순신	세종대왕	이이	이이
세종대왕	장보고	이순신	장보고	이순신

1 조사한 자료를 보고 표로 나타내 보세요.

존경하는 위인별 학생 수

위인	이순신	세종대왕	장보고	이이	합계
학생 수(명)	8				

2 표를 보고 막대그래프를 완성해 보세요.

존경하는 위인별 학생 수

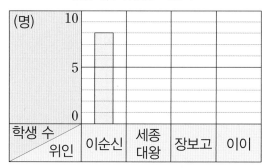

⭐중요
3 위 **2**의 그래프를 가로와 세로를 바꾸어 막대가 가로인 막대그래프로 나타내 보세요.

존경하는 위인별 학생 수

이순신				
세종대왕				
장보고				
이이				

👑 동민이네 학교 4학년 학생들이 소풍 때 가고 싶어 하는 고궁을 조사하여 나타낸 표입니다. 물음에 답해 보세요. [4~7]

가고 싶어 하는 고궁별 학생 수

고궁	경복궁	창덕궁	창경궁	덕수궁	합계
학생 수(명)	15	22	11	18	66

4 표를 막대그래프로 나타낼 때, 눈금 한 칸은 몇 명으로 하는 것이 좋을까요?

( )

5 표를 막대그래프로 나타낼 때, 세로 눈금은 적어도 몇 명까지 나타낼 수 있어야 하나요?

( )

6 표를 보고 막대그래프를 완성해 보세요.

가고 싶어 하는 고궁별 학생 수

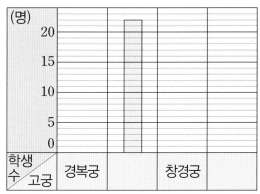

7 위 **6**의 그래프를 막대가 가로인 막대그래프로 나타내 보세요.

가고 싶어 하는 고궁별 학생 수

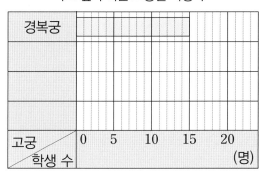

◐ 막대그래프 해석하기

> 영수네 반 학생들이 함께 운동을 배우기 위해 각자 배우고 싶어 하는 운동을 조사하였더니 수영은 3명, 태권도는 9명, 축구는 5명, 야구는 4명이었습니다. 어떤 운동을 함께 배우는 것이 좋을지 알아보세요.

• 위 이야기를 읽고 막대그래프로 나타내 봅니다.

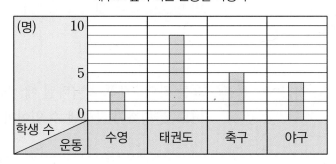

배우고 싶어 하는 운동별 학생 수

• 가장 많은 학생이 배우고 싶어 하는 운동은 태권도입니다.
• 함께 운동을 배운다면 태권도를 배우는 것이 좋을 것 같습니다.

개념잡기

◐ 실생활 자료를 수집하여 나타낸 막대그래프를 보고 다양하게 해석하여 합리적인 의사 결정을 할 수 있습니다.

개념확인 1

동민이네 모둠 학생들의 50 m 달리기 기록을 조사하여 나타낸 막대그래프입니다. 물음에 답해 보세요.

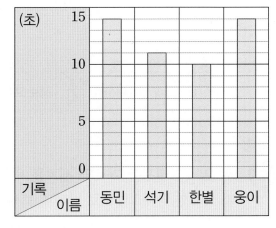

50 m 달리기 기록

(1) 석기의 50 m 달리기 기록은 몇 초인가요?

( )

(2) 50 m를 누가 가장 빨리 달렸나요?

( )

(3) 50 m 달리기 기록이 같은 학생은 누구와 누구인가요?

( ), ( )

(4) 50 m 달리기 대회에 모둠 대표로 누구를 뽑는 것이 좋을 것 같나요?

( )

기본 문제를 통해 교과서 개념을 다져요.

👑 방과 후 교실별 참여하는 학생 수를 조사하여 나타낸 막대그래프입니다. 물음에 답해 보세요.

[1~4]

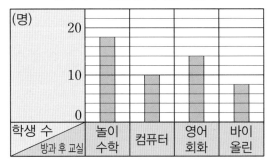

방과 후 교실별 참여하는 학생 수

① 영어회화를 하는 학생은 몇 명인가요?

( )

② 놀이수학을 하는 학생은 바이올린을 하는 학생보다 몇 명 더 많나요?

( )

③ 막대그래프에서 남학생이 가장 많이 참여 하는 방과 후 교실은 무엇인지 알 수 있나요?

( )

④ 막대그래프를 통해 알 수 있는 내용을 2가지 써 보세요.

👑 마을별 승용차 수를 조사하여 나타낸 막대그래프입니다. 물음에 답해 보세요. [5~8]

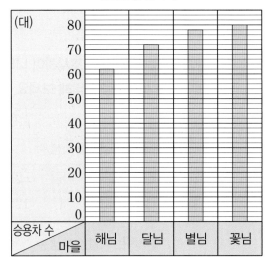

마을별 승용차 수

⑤ 세로 눈금 한 칸은 몇 대를 나타내나요?

( )

⑥ 달님 마을의 승용차 수는 몇 대인가요?

( )

⑦ 꽃님 마을과 해님 마을의 승용차 수의 차는 몇 대인가요?

( )

⑧ 막대그래프를 통해 알 수 있는 내용을 2가지 써 보세요.

유형 1 **막대그래프 알아보기**

조사한 자료를 막대 모양으로 나타낸 그래프를 막대그래프라고 합니다.

학생들이 좋아하는 색깔을 조사하여 나타낸 표와 막대그래프입니다. 물음에 답해 보세요.

[1-1~1-3]

좋아하는 색깔별 학생 수

색깔	빨강	초록	파랑	노랑	합계
학생 수(명)	10	16	4	12	42

좋아하는 색깔별 학생 수

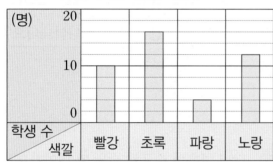

1-1 세로 눈금 한 칸은 몇 명을 나타내나요?

( )

1-2 표와 막대그래프의 같은 점은 무엇인지 써 보세요.

대표유형

1-3 가장 많은 학생이 좋아하는 색깔부터 차례대로 알아볼 때 한눈에 쉽게 알아볼 수 있는 것은 표와 막대그래프 중 어느 것인가요?

( )

마을별로 생산한 배의 양을 조사하여 나타낸 그림그래프와 막대그래프입니다. 물음에 답해 보세요. [1-4~1-5]

마을별 배 생산량

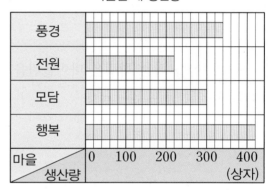

🍐 100상자 🍐 10상자

마을별 배 생산량

1-4 그림그래프와 막대그래프의 같은 점을 써 보세요.

잘 틀려요

1-5 그림그래프와 막대그래프의 다른 점을 써 보세요.

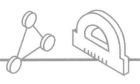

유형 2 막대그래프의 내용 알아보기

막대그래프를 보고 여러 가지 내용을 알 수 있습니다.
- 가장 많은 것과 가장 적은 것
- 눈금 한 칸이 나타내는 수 등

👑 어느 지역의 병원 수를 진료 과목별로 조사하여 나타낸 막대그래프입니다. 물음에 답해 보세요.

[2-1~2-3]

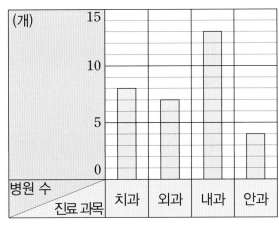

진료 과목별 병원 수

2-1 병원 수가 가장 많은 진료 과목은 무엇인가요?

( )

2-2 병원 수가 가장 적은 진료 과목은 무엇이고, 몇 개인가요?

( ), ( )

2-3 치과는 안과보다 몇 개 더 많나요?

( )

👑 좋아하는 간식별 학생 수를 조사하여 나타낸 막대그래프입니다. 물음에 답해 보세요. [2-4~2-6]

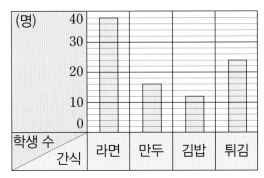

좋아하는 간식별 학생 수

2-4 가장 많은 학생이 좋아하는 간식부터 차례대로 써 보세요.

( )

🎓시험에 잘 나와요

2-5 튀김을 좋아하는 학생 수는 김밥을 좋아하는 학생 수의 몇 배인가요?

( )

2-6 위 막대그래프를 보고 알 수 있는 사실은 어느 것인가요? ( )

① 좋아하는 학생 수가 둘째로 많은 간식은 만두입니다.
② 가장 적은 학생이 좋아하는 간식은 튀김입니다.
③ 좋아하는 학생 수가 라면보다 더 많은 간식은 없습니다.
④ 튀김을 좋아하는 학생 수는 20명입니다.
⑤ 좋아하는 학생 수가 만두보다 더 적은 간식은 2개입니다.

2-7 어느 악기점에 있는 악기를 종류별로 조사하여 나타낸 막대그래프입니다. 물음에 답해 보세요.

종류별 악기 수

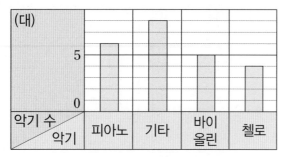

(1) 악기 수가 기타의 절반인 악기는 어느 것인가요?

(   )

(2) 이 악기점에 있는 악기 수는 모두 몇 대인가요?

(   )

2-8 올해 초등학교에 입학한 신입생 수를 조사하여 나타낸 막대그래프입니다. 입학한 신입생 수가 가장 많은 마을과 가장 적은 마을의 신입생 수의 차는 몇 명인가요?

올해 입학한 신입생 수

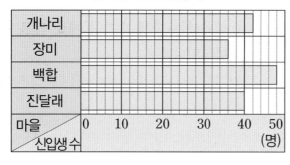

(   )

Tip 가로 눈금 한 칸은 신입생 2명을 나타냅니다.

유형 3 막대그래프로 나타내기

• 막대그래프 그리는 순서
  ① 가로와 세로 중 어느 쪽에 조사한 수를 나타낼 것인지 정합니다.
  ② 눈금 한 칸의 크기를 정하고, 조사한 수 중 가장 큰 수를 나타낼 수 있도록 눈금의 수를 정합니다.
  ③ 조사한 수에 맞도록 막대를 그립니다.
  ④ 막대그래프에 알맞은 제목을 붙입니다.

3-1 웅이네 반 학생들이 좋아하는 운동을 조사하여 나타낸 표입니다. 표를 보고 막대그래프로 나타내 보세요.

좋아하는 운동별 학생 수

운동	축구	농구	탁구	야구	합계
학생 수(명)	7	3	9	5	24

좋아하는 운동별 학생 수

시험에 잘 나와요

3-2 위 **3-1**의 표를 보고 막대가 가로로 된 막대그래프로 나타내 보세요.

좋아하는 운동별 학생 수

축구					
농구					
탁구					
야구					
운동 학생 수	0		5		10 (명)

3-3 예슬이네 반 학생들이 태어난 계절을 조사하여 나타낸 표입니다. 물음에 답해 보세요.

태어난 계절별 학생 수

계절	봄	여름	가을	겨울	합계
학생 수(명)	6	9	5	4	

(1) 표의 빈칸에 알맞은 수를 써넣으세요.

(2) 표를 보고 막대그래프로 나타내 보세요.

태어난 계절별 학생 수

잘 틀려요

3-4 지혜네 반 학생들의 혈액형을 조사하여 나타낸 표와 막대그래프입니다. 표와 막대그래프를 완성해 보세요.

혈액형별 학생 수

혈액형	A형	B형	O형	AB형	합계
학생 수(명)	7	5		4	24

A형				
B형				
O형				
AB형				

혈액형 \ 학생 수: 0 ... 5 ... 10 (명)

유형 4 막대그래프의 해석하기

실생활 자료를 수집하여 나타낸 막대그래프를 보고 다양하게 해석하여 합리적인 의사 결정을 할 수 있습니다.

석기네 반 학생들이 좋아하는 민속놀이를 조사하여 나타낸 표입니다. 물음에 답해 보세요.

[4-1~4-3]

좋아하는 민속놀이별 학생 수

민속놀이	제기차기	투호	팽이치기	윷놀이	합계
학생 수(명)	3	6	10	5	24

좋아하는 민속놀이별 학생 수

4-1 막대그래프로 나타내 보세요.

대표유형

4-2 막대그래프를 통해 알 수 있는 내용을 2가지 써 보세요.

_____

_____

_____

4-3 석기네 반 학생들이 체육 시간에 민속놀이를 한다면 어떤 놀이를 하는 것이 좋을까요?

(   )

단원 5

👑 동물원에 있는 동물의 수를 조사하여 나타낸 표와 막대그래프입니다. 물음에 답해 보세요.

[1~3]

동물원의 동물 수

동물	사자	호랑이	원숭이	사슴	합계
동물 수(마리)	6	4	11	9	30

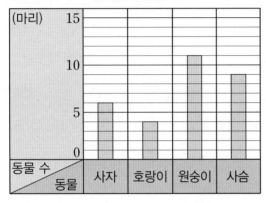

동물원의 동물 수

1 동물원에 가장 많이 있는 동물부터 차례대로 써 보세요.

(   )

2 조사한 동물이 모두 몇 마리인지 쉽게 알 수 있는 것은 표와 막대그래프 중 어느 것인가요?

(   )

3 동물원의 동물 수를 막대그래프로 나타내었을 때 표보다 더 좋은 점은 무엇인지 써 보세요.

👑 올림픽 경기 종목 중 영수네 반 학생들이 좋아하는 경기 종목을 조사하여 나타낸 표입니다. 물음에 답해 보세요. [4~7]

좋아하는 경기 종목

경기 종목	레슬링	유도	태권도	양궁	합계
학생 수(명)	4		10	6	22

4 유도를 좋아하는 학생 수는 몇 명인가요?

(   )

5 표를 막대그래프로 나타낼 때 세로 눈금은 적어도 몇 명까지 나타낼 수 있어야 하나요?

(   )

6 표를 보고 막대그래프로 나타내 보세요.

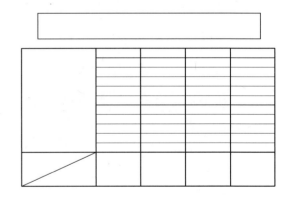

7 좋아하는 학생 수가 가장 많은 경기 종목부터 차례대로 써 보세요.

(   )

👑 학생들이 가고 싶어 하는 나라를 조사하여
나타낸 막대그래프입니다. 물음에 답해 보세요.
[8~11]

가고 싶어 하는 나라별 학생 수

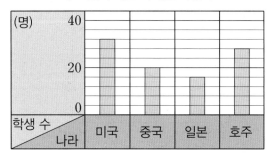

8 세로 눈금 한 칸은 몇 명을 나타내나요?

( )

9 막대그래프를 보고 표를 완성해 보세요.

가고 싶어 하는 나라별 학생 수

나라	미국	중국	일본	호주	합계
학생 수(명)					

10 호주를 가고 싶어 하는 학생 수는 중국을 가고
싶어 하는 학생 수보다 몇 명 더 많나요?

( )

11 미국을 가고 싶어 하는 학생 수는 일본을 가고
싶어 하는 학생 수의 몇 배인가요?

( )

👑 동민이네 모둠 학생들이 수학 공부를 한 시간을
조사하여 나타낸 막대그래프입니다. 물음에
답해 보세요. [12~15]

수학 공부를 한 시간

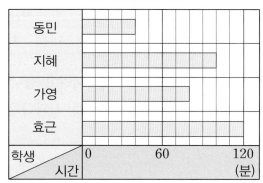

12 가로 눈금 한 칸은 몇 분을 나타내나요?

( )

13 가영이보다 수학 공부를 20분 더 많이 한 사
람은 누구인가요?

( )

14 수학 공부를 한 시간이 동민이의 3배가 되는
학생은 누구인가요?

( )

15 수학 공부를 한 시간이 가장 긴 학생부터 차
례대로 이름을 써 보세요.

( )

어느 마을에 있는 과일 나무의 수를 종류별로 조사하여 나타낸 표입니다. 물음에 답해 보세요.

[16~19]

종류별 과일 나무 수

과일 나무	사과	배	감	복숭아	합계
나무 수(그루)	18	10	14	8	50

16 표를 막대그래프로 나타내려고 합니다. 눈금 한 칸이 2그루를 나타낼 때, 사과나무는 몇 칸을 차지하나요?

( )

17 표를 보고 막대그래프로 나타내 보세요.

종류별 과일 나무 수

(그루) 20 / 10 / 0

나무 수 / 과일 나무 : 사과, 배, 감, 복숭아

18 표를 보고 가로에는 나무 수, 세로에는 과일 나무가 나타나도록 가로로 된 막대그래프로 나타내 보세요.

종류별 과일 나무 수

사과 / 배 / 감 / 복숭아
과일 나무 / 나무 수

19 표를 보고 나무 수가 가장 적은 것부터 차례대로 막대그래프로 나타내 보세요.

종류별 과일 나무 수

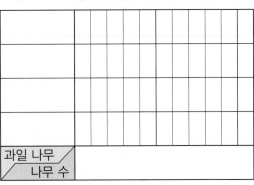

과일 나무 / 나무 수

 신영이네 반 학생들이 좋아하는 계절을 조사하여 나타낸 표입니다. 물음에 답해 보세요.

[20~21]

좋아하는 계절별 학생 수

계절	봄	여름	가을	겨울	합계
학생 수(명)	6			5	24

20 여름을 좋아하는 학생은 봄을 좋아하는 학생보다 2명 더 적습니다. 여름을 좋아하는 학생 수와 가을을 좋아하는 학생 수를 각각 구해 보세요.

여름 ( )
가을 ( )

21 표를 보고 막대그래프로 나타내 보세요.

좋아하는 계절별 학생 수

(명) 10 / 5 / 0

학생 수 / 계절 : 봄, 여름, 가을, 겨울

석기는 외국에 살고 있는 친구들이 서울에서 가 보고 싶어 하는 곳을 조사하여 막대그래프로 나타내었습니다. 막대그래프를 보고 물음에 답해 보세요. [22~24]

서울에서 가 보고 싶어 하는 곳

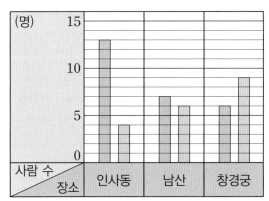

22 남자들이 가장 가 보고 싶어 하는 곳은 어디인가요?

(   )

23 여자들이 가장 가 보고 싶어 하는 곳은 어디인가요?

(   )

24 외국에 사는 석기의 사촌 형이 오면 인사동, 남산, 창경궁 중 어디에 가면 가장 좋겠는지 쓰고, 그 이유를 써 보세요.

지혜네 학교 4학년 남학생과 여학생의 혈액형을 조사하여 나타낸 막대그래프입니다. 물음에 답해 보세요. [25~28]

혈액형별 학생 수

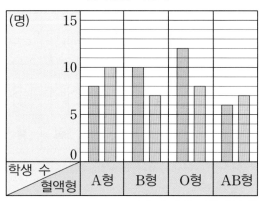

25 혈액형별 남학생 수와 여학생 수의 차는 각각 몇 명인가요?

A형 (   )
B형 (   )
O형 (   )
AB형 (   )

26 남학생 수와 여학생 수의 차가 가장 큰 혈액형은 무엇인가요?

(   )

27 남학생 수와 여학생 수의 차가 가장 작은 혈액형은 무엇인가요?

(   )

28 4학년 학생 중 가장 많은 혈액형은 어느 것인가요?

(   )

1 막대그래프를 보고 윷을 던졌을 때 세 번째로 많이 나온 것은 무엇인지 풀이 과정을 쓰고 답을 구해 보세요.

윷을 던져 나온 횟수

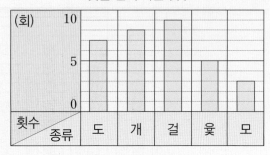

✎ 풀이 막대의 길이가 길수록 많이 나온 것이므로 가장 긴 것부터 차례대로 쓰면 ☐, ☐, ☐, ☐, ☐입니다.

따라서 세 번째로 많이 나온 것은 ☐입니다.

답 ☐

1-1 막대그래프를 보고 소나무 수가 두 번째로 많은 마을은 어느 마을인지 풀이 과정을 쓰고 답을 구해 보세요.

마을별 소나무 수

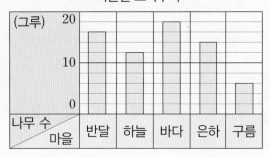

✎ 풀이

답 _____

2 막대그래프를 보고 500원짜리 동전은 50원짜리 동전보다 몇 개 더 많은지 풀이 과정을 쓰고 답을 구해 보세요.

종류별 동전 수

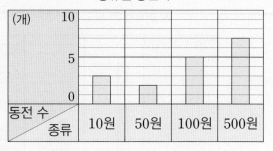

✎ 풀이 500원짜리 동전은 ☐개이고, 50원짜리 동전은 ☐개입니다.

따라서 500원짜리 동전은 50원짜리 동전보다 ☐ − ☐ = ☐(개) 더 많습니다.

답 ☐개

2-1 막대그래프를 보고 100원짜리 동전은 10원짜리 동전보다 몇 개 더 많은지 풀이 과정을 쓰고 답을 구해 보세요.

종류별 동전 수

동전 수 종류	10원	50원	100원	500원

✎ 풀이

답 _____

3 막대그래프를 보고 여름을 좋아하는 학생 수는 겨울을 좋아하는 학생 수의 몇 배인지 풀이 과정을 쓰고 답을 구해 보세요.

좋아하는 계절별 학생 수

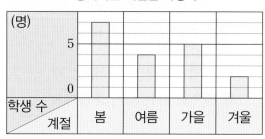

✏️ **풀이** 여름을 좋아하는 학생 수는 ☐ 명

이고, 겨울을 좋아하는 학생 수는 ☐ 명입

니다. 따라서 여름을 좋아하는 학생 수는 겨울을

좋아하는 학생 수의 ☐ ÷ ☐ = ☐ (배)입

니다.

🧩 **답** _____ ☐ 배

3-1 막대그래프를 보고 사과를 좋아하는 학생 수는 포도를 좋아하는 학생 수의 몇 배인지 풀이 과정을 쓰고 답을 구해 보세요.

좋아하는 과일별 학생 수

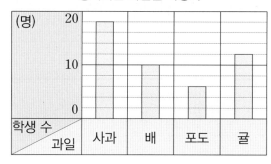

✏️ **풀이**

_____

_____

_____

🧩 **답** _____

4 막대그래프를 보고 영수는 어떤 과목을 더 열심히 공부해야 할지 쓰고, 그 이유를 써 보세요.

과목별 점수

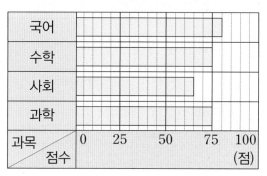

✏️ **이유** 성적이 가장 낮은 과목은 ☐

입니다. 따라서 성적이 가장 낮은 과목인

☐ 를 더 열심히 공부해야 합니다.

🧩 **답** _____ ☐

4-1 막대그래프를 보고 예슬이는 어떤 과목을 더 열심히 공부해야 할지 쓰고, 그 이유를 써 보세요.

과목별 점수

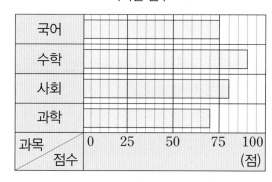

✏️ **이유**

_____

_____

🧩 **답** _____

단원 **5**

어느 과일 가게의 과일별 판매량을 조사하여 나타낸 표입니다. 물음에 답해 보세요. [1~4]

과일별 판매량

과일	사과	자두	배	감	합계
판매량(개)	120	60	100	220	500

1 표를 보고 막대그래프로 나타내 보세요.

과일별 판매량

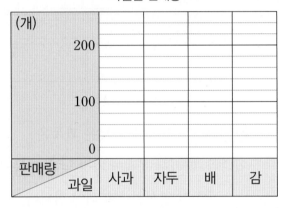

2 막대그래프에서 가로와 세로는 각각 무엇을 나타내나요?

가로 (   )

세로 (   )

3 막대그래프에서 세로의 작은 눈금 한 칸은 몇 개를 나타내나요?

(   )

4 판매량이 가장 많은 과일부터 차례대로 써 보세요.

(   )

지혜네 반 학생들이 가 보고 싶어 하는 나라를 조사하여 나타낸 표입니다. 물음에 답해 보세요. [5~8]

가 보고 싶어 하는 나라별 학생 수

나라	중국	미국	호주	기타	합계
학생 수(명)	10	6	4	3	23

5 표를 막대그래프로 나타낼 때, 눈금 한 칸은 몇 명으로 하는 것이 좋을까요?

(   )

6 표를 막대그래프로 나타내려고 합니다. 세로 눈금은 적어도 몇 명까지 나타낼 수 있어야 하나요?

(   )

7 표를 보고 막대그래프로 나타내 보세요.

가 보고 싶어 하는 나라별 학생 수

8 가장 많은 학생이 가 보고 싶어 하는 나라는 어디인가요?

(   )

👑 동민이네 모둠 학생들이 어제 운동을 한 시간을 조사하여 나타낸 표입니다. 물음에 답해 보세요.

[9~13]

운동을 한 시간

학생	가영	영수	동민	석기	예슬	합계
시간(분)	50	40		70	30	270

9 동민이는 어제 운동을 몇 분 동안 하였나요?

( )

10 표를 보고 막대그래프로 나타내 보세요.

운동을 한 시간

가영				
영수				
동민				
석기				
예슬				

학생／시간   0   50   (분)

11 막대그래프에서 가로와 세로는 각각 무엇을 나타내나요?

가로 ( )

세로 ( )

12 막대그래프에서 가로의 작은 눈금 한 칸은 몇 분을 나타내나요?

( )

13 운동을 한 시간이 가장 많은 학생부터 차례대로 써 보세요.

( )

👑 한초네 반 학생들이 좋아하는 과목을 조사하여 나타낸 막대그래프입니다. 물음에 답해 보세요.

[14~15]

좋아하는 과목별 학생 수

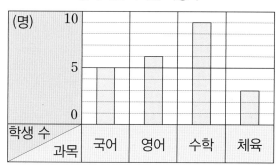

14 두 번째로 적은 학생이 좋아하는 과목은 무엇이고, 몇 명인가요?

( ), ( )

15 수학을 좋아하는 학생 수는 체육을 좋아하는 학생 수의 몇 배인가요?

( )

학생들이 좋아하는 바다 동물을 조사하여 나타낸 표와 막대그래프입니다. 물음에 답해 보세요. [16~19]

좋아하는 바다 동물별 학생 수

동물	상어	돌고래	오징어	새우	합계
학생 수(명)	16		21		77

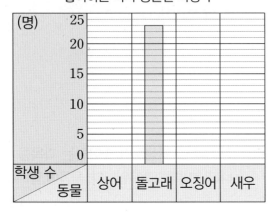

좋아하는 바다 동물별 학생 수

16 새우를 좋아하는 학생은 몇 명인가요?

( )

17 표와 막대그래프로 각각 나타내 보세요.

18 돌고래와 새우 중 어느 바다 동물을 좋아하는 학생이 몇 명 더 많나요?

( ), ( )

19 가장 많은 학생이 좋아하는 바다 동물부터 차례대로 써 보세요.

( )

월별 비가 온 날수를 조사하여 나타낸 막대그래프입니다. 물음에 답해 보세요. [20~21]

월별 비 온 날수

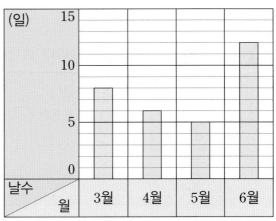

20 6월 중 비가 온 날은 며칠인가요?

( )

21 6월 중 비가 오지 않은 날은 며칠인가요?

( )

서술형

22 자동차 회사별로 하루 동안 팔린 자동차 수를 조사하여 나타낸 표입니다. 표를 막대그래프로 나타내면 어떤 점이 편리한지 써 보세요.

회사별 하루 동안 팔린 자동차 수

회사	가	나	다	라	합계
자동차 수(대)	130	80	220	190	620

풀이

23 예슬이가 한 달 동안 한 운동량을 조사하여 나타낸 막대그래프입니다. 그래프를 보고 알 수 있는 사실을 2가지 써 보세요.

한 달 동안 한 운동량

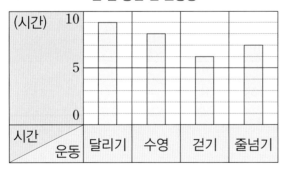

풀이

24 가영이네 마을 학생들의 장래 희망을 조사하여 나타낸 막대그래프입니다. 가영이네 마을 학생은 모두 몇 명인지 풀이 과정을 쓰고 답을 구해 보세요.

장래 희망별 학생 수

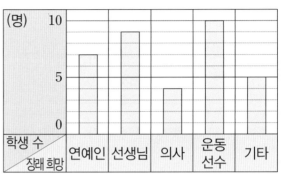

풀이

답

25 위 **24**의 막대그래프를 보고 가장 적은 학생의 장래 희망을 의사라고 할 수 있나요? '예' 또는 '아니요'로 대답하고 그 이유를 써 보세요.

이유

답

① 경기 방식에 따라 두 선수가 양궁 대표 선발전 결승에 올라왔습니다. 물음에 답해 보세요.

경기 방식

• 모두 5세트 경기를 하고 주어진 시간 안에 쏘아야 합니다. 만일 시간 안에 쏘지 않으면 0점이 됩니다.

• 세트당 세 발씩 쏘아 얻은 기록의 합을 계산하고 합이 높으면 이깁니다.

• 각 세트를 이기는 경우 2점, 비기는 경우 1점, 지는 경우 0점을 얻게 됩니다.

• 5세트까지 승부가 가려지지 않을 경우 한 발씩 쏴 중앙에 가장 근접한 사람이 이깁니다.

자료 1 두 선수가 세트당 세 발씩 쏘아 받은 기록의 합을 조사하여 나타낸 표입니다.

가영이와 지혜의 기록

세트	1세트	2세트	3세트	4세트	5세트
가영	27	27	27	27	27
지혜	27	29	25	28	26

자료 2 두 선수의 4세트와 5세트 기록을 조사하여 나타낸 막대그래프입니다.

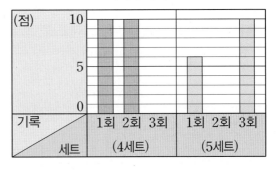

(1) 자료 1 을 보고 자료 2 의 막대그래프를 완성해 보세요.

(2) 주어진 자료를 보고 누가 양궁 대표 선수가 될지 정해 보고, 그 이유를 써 보세요.

- -

- -

- -

막대그래프를 그려 놓을 것!

우리 아빠는 신문 보시는 것을 참 좋아하세요.

신문을 다 읽고 나시면 아빠는 정말 많은 이야기를 들려주신답니다. 어떤 때는 신문에 난 동시를 읽어 주시기도 하고, 신문에 소개된 책을 사러 함께 서점에 간 적도 있어요. 어느 산, 어느 계곡이 아름답다고 하면 그곳으로 여행 가자는 약속도 하시고, 맛집이 소개되었다면서 꼭 한 번 식구들과 외식을 하자고 약속도 하셨어요.

오늘은 신문을 접어들고는 숙제하기 바쁜 나에게 아빠가 오셨어요. 학교 갈 시간이 다 되었는데 숙제를 다 못 해서 가슴이 콩콩 뛰는데 아빠는 하필이면 왜 이럴 때 오신담!

"아빠, 나 지금 숙제하고 있어요."

"그러니? 아빠도 너한테 숙제 하나 주려고 해."

어휴, 숙제라면 지긋지긋하게 싫은데 아빠까지 나한테 숙제를 주시겠다니, 정말 아빠 미워!

아빠는 숙제가 뭐라는 말씀도 안 하시고는 신문 한 장을 내 책상에 놓고 나가셨어요.

'아빠, 숙제가 뭐예요?'

라고 묻고 싶었지만 정말로 숙제를 주실 것만 같아서 모르는 척하고 있었어요.

그런데 나가신 줄 알았던 아빠가 어느새 내 숙제를 물끄러미 들여다보고 계셨어요.

"막대그래프를 그리고 있구나?"

"네, 숙제예요."

"그런데 왜 막대가 이렇게 구불구불하지?"

"자가 어디 있는지 몰라서 그냥 그렸어요."

그렇게 그려 가면 아마도 선생님께서 다시 해 오라고 하실 거라면서 다시 그리라고 하시지만 그러다간 지각하겠는 걸요.

아니나 다를까, 구불구불하게 그린 내 막대그래프를 보시고는 선생님께서 혀를 끌끌 차셨어요.

"이건 막대그래프가 아니라 지렁이 그래프네!"

선생님의 말씀에 난 정말 부끄러웠답니다.

집에 와서는 괜한 심술을 부리며 저녁밥도 제대로 먹지 않고 투덜거리고만 있는데 아빠가 문자를 보내셨어요.

'책상 위에 놓아둔 신문을 보고 막대그래프를 그려 놓을 것.'

아빠까지 왜 이러신담!

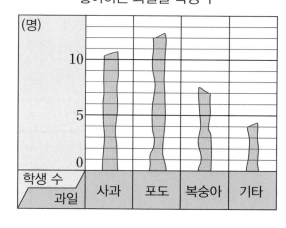

좋아하는 과일별 학생 수

하지만 신문을 펼쳐든 나는 금방 입가에 미소가 번졌어요. 거긴 정말 기쁜 소식이 있었거든요. 설악산 국립공원에 속한 점봉산에 우리나라의 희귀식물이 가장 많이 자라고 있다는 소식과 예쁜 꽃들이 가득 실려 있었어요. 그중에는 할머니가 가르쳐주신 가세요가피나무도 있어서 더 반가웠지요. 꽃들을 한참 들여다보다가 그제서야 신문을 읽고 막대그래프를 그려 놓으라는 아빠의 숙제가 떠올랐어요.

꽃을 보고 어떻게 막대그래프를 그릴까 고민하고 있을 때 기사 한 줄이 눈에 딱 들어왔어요.

가세요가피나무

지리산 54종, 속리산 21종, 설악산 45종, 점봉산 66종.

바로 희귀식물이 발견된 장소와 몇 가지 종류인가를 알려주는 기사였지요.

와, 이 정보라면 막대그래프 그리는 건 누워서 떡 먹기지! 나는 가장 먼저 자부터 준비했답니다.

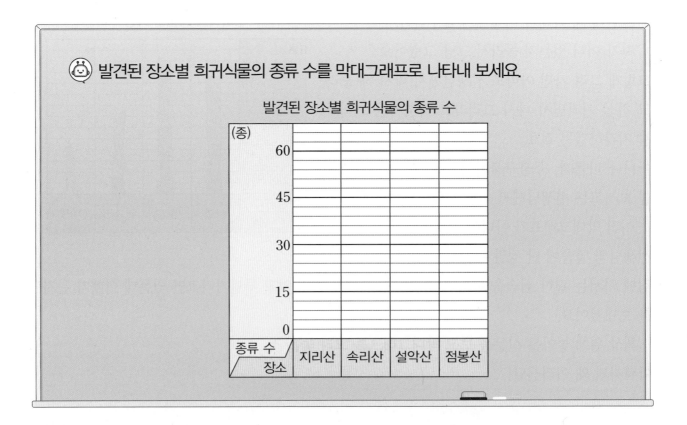

발견된 장소별 희귀식물의 종류 수를 막대그래프로 나타내 보세요.

발견된 장소별 희귀식물의 종류 수

단원 6 규칙 찾기

이번에 배울 내용

1 수 배열표에서 규칙 찾기

2 수의 배열에서 규칙 찾기

3 등호(=)를 사용한 식으로 나타내기

4 도형의 배열에서 규칙 찾기

5 계산식에서 규칙 찾기(1)

6 계산식에서 규칙 찾기(2)

7 규칙적인 계산식 찾기

< 이전에 배운 내용

• 무늬, 쌓은 모양에서 규칙 찾기

• 덧셈표, 곱셈표에서 규칙 찾기

> 다음에 배울 내용

• 두 양 사이의 관계 알아보기

• 대응 관계를 식으로 나타내기

1 단계 개념 탄탄　1. 수 배열표에서 규칙 찾기

교과서 개념을 이해하고 확인 문제를 통해 익혀요.

수 배열표에서 규칙 찾기

101	201	301	401	501
111	211	311	411	511
121	221	321	421	521
131	231	331	431	531

(1) 가로줄에서 규칙 찾기

　• 오른쪽으로 갈수록 100씩 커집니다.

　• 왼쪽으로 갈수록 100씩 작아집니다.

(2) 세로줄에서 규칙 찾기

　• 아래쪽으로 내려갈수록 10씩 커집니다.

　• 위쪽으로 올라갈수록 10씩 작아집니다.

(3) 수 배열표에서 또 다른 규칙 찾기

　• ↘ 방향으로 110씩 커지고, ↖ 방향으로 110씩 작아집니다.

　• ↙ 방향으로 90씩 작아지고, ↗ 방향으로 90씩 커집니다.

개념잡기

◆ 수 배열표에서 → 방향으로 ■씩 커지고 ↓ 방향으로 ▲씩 커지면 ↘ 방향으로 (■+▲)씩 커집니다.

◆ 수의 배열은 방향에 따라 규칙이 다릅니다.

---

1 개념확인

수 배열표에서 규칙을 찾아보세요.

1001	1102	1203	1304	1405	1506
2001	2102	2203	2304	2405	2506
3001	3102	3203	3304	3405	3506
4001	4102	4203	4304	4405	4506
5001	5102	5203	5304	5405	5506

(1) 가로줄에서 규칙을 찾아보세요.

　규칙 1001에서 시작하여 오른쪽으로 □씩 커집니다.

　1506에서 시작하여 왼쪽으로 □씩 작아집니다.

(2) 세로줄에서 규칙을 찾아보세요.

　규칙 1001에서 시작하여 아래쪽으로 □씩 커집니다.

　5001에서 시작하여 위쪽으로 □씩 작아집니다.

(3) 수 배열표에서 또 다른 규칙을 찾아보세요.

　규칙 1001에서 시작하여 ↘ 방향으로 □씩 커집니다.

　5506에서 시작하여 ↖ 방향으로 □씩 작아집니다.

👑 **수 배열표를 보고 물음에 답해 보세요. [1~4]**

1005	1015	1025	1035	1045
1105	1115	1125	1135	1145
1205	1215	1225	1235	1245
1305	1315	1325	1335	1345
1405	1415	1425	1435	1445

1 가로줄에 나타난 규칙을 찾아보세요.

규칙 1005에서 시작하여 오른쪽으로

☐ 씩 커집니다.

2 세로줄에 나타난 규칙을 찾아보세요.

규칙 1005에서 시작하여 아래쪽으로

☐ 씩 커집니다.

3 화살표 방향에 나타난 규칙을 찾아보세요.

규칙 1005에서 시작하여 ↘ 방향으로

☐ 씩 커집니다.

4 ▨으로 색칠한 칸에 나타난 규칙을 찾아 써 보세요.

규칙
_____

_____

_____

5 수 배열의 규칙에 맞게 빈칸에 들어갈 수를 써넣으세요.

609	619		639
509	519	529	539
409		429	439
309	319	329	
	219	229	239

👑 **좌석표에서 좌석 번호의 규칙을 찾아 물음에 답해 보세요. [6~7]**

좌석표

A1	A2	A3	A4	A5	A6	A7
B1	B2	B3	B4	B5	B6	B7
C1	C2	C3	C4	C5	▨	C7
D1	D2	▲	D4	D5	D6	D7
E1	E2	E3	E4	E5	E6	E7

6 ▨에 알맞은 좌석 번호를 구해 보세요.

( )

7 ▲에 알맞은 좌석 번호를 구해 보세요.

( )

중요
8 규칙적인 수의 배열에서 ▨, ▲에 알맞은 수를 각각 구해 보세요.

1002	1104	▨	1308	1410	▲

▨ ( )

▲ ( )

수의 배열에서 규칙 찾기

×	11	12	13	14	15	16	17	18	19
11	1	2	3	4	5	6	7	8	9
12	2	4	6	8	0	2	4	6	8
13	3	6	9	2	5	8	1	4	7
14	4	8	2	6	0	4	8	2	6
15	5	0	5	0	5	0	5	0	5
16	6	2	■	4	0	6	2	8	4
17	7	4	1	8	5	2	9	6	3
18	8	6	4	2	0	8	▲	4	2
19	9	8	7	6	5	4	3	2	1

- $11 \times 11 = 121$인데 곱셈의 배열표에는 1이 있습니다.
- $11 \times 12 = 132$인데 곱셈의 배열표에는 2가 있습니다.
- $11 \times 13 = 143$인데 곱셈의 배열표에는 3이 있습니다.
- 곱셈의 배열표에서 수의 규칙은 두 수의 곱셈의 결과에서 일의 자리 숫자를 쓴 것입니다.
- ■에 알맞은 수는 $16 \times 13 = 208$에서 일의 자리 숫자인 8입니다.
- ▲에 알맞은 수는 $18 \times 17 = 306$에서 일의 자리 숫자인 6입니다.

개념잡기

수의 배열에서 규칙을 찾을 때 수의 크기가 증가하면 덧셈 또는 곱셈을 활용하고, 수의 크기가 감소하면 뺄셈 또는 나눗셈을 활용하여 규칙을 찾아봅니다.

2 — 6 — 18 — 54

규칙

- 2부터 시작하여 3씩 곱해진 수가 오른쪽에 있습니다.
- 54부터 시작하여 왼쪽으로 3씩 나누는 규칙이 있습니다.

개념확인 **1**

수의 배열에서 규칙을 찾아 물음에 답해 보세요.

10 — 20 — 40 — ㉠ — 160 — ㉡ — 640

(1) 수의 배열에는 어떤 규칙이 있는지 찾아보세요.

규칙 10부터 시작하여 ☐ 씩 곱해진 수가 오른쪽에 있습니다.

640에서부터 시작하여 ☐로 나눈 수가 왼쪽에 있습니다.

(2) 수 배열의 규칙에 맞게 ㉠에 들어갈 수를 구해 보세요.

(   )

(3) 수 배열의 규칙에 맞게 ㉡에 들어갈 수를 구해 보세요.

(   )

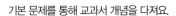

기본 문제를 통해 교과서 개념을 다져요.

👑 수 배열표를 보고 물음에 답해 보세요. [1~4]

11	15	19	23	27
21	25	29	33	37
41	45	49	53	57
71	75	79	83	87
111	115	■	123	127

1 가로줄에 나타난 규칙을 찾아보세요.

규칙 11에서 시작하여 오른쪽으로 [ ]씩 커집니다.

2 세로줄에 나타난 규칙을 찾아보세요.

규칙 11에서 시작하여 아래쪽으로 10, 20, [ ], [ ]씩 커집니다.

3 수 배열의 규칙에 맞도록 ■에 들어갈 수를 구해 보세요.

( )

4 으로 색칠한 칸에 나타난 규칙을 찾아보세요.

규칙

---

5 수 배열의 규칙에 맞도록 빈칸에 들어갈 수를 구하려고 합니다. 물음에 답해 보세요.

245 — 345 — 545 — 845 —

— 1245 — [ ]

(1) 수의 배열에는 어떤 규칙이 있는지 찾아보세요.

규칙 245부터 시작하여 오른쪽으로 100, 200, [ ], [ ]씩 커집니다.

(2) 수 배열의 규칙에 맞도록 빈칸에 들어갈 수를 구해 보세요.

( )

6 수 배열의 규칙에 맞도록 ◯ 안에 들어갈 수를 구하려고 합니다. 물음에 답해 보세요.

1 — 4 — 16 — 64 — ◯

(1) 수의 배열에는 어떤 규칙이 있는지 찾아보세요.

규칙 1부터 시작하여 [ ]씩 곱해진 수가 오른쪽에 있습니다.

(2) 수 배열의 규칙에 맞도록 ◯ 안에 들어갈 수를 구해 보세요.

( )

중요

7 수 배열의 규칙에 맞도록 ◯ 안에 들어갈 수를 써넣으세요.

32 — 16 — 8 — 4 — ◯

단원 6

6. 규칙 찾기 ◆ **171**

3. 등호(＝)를 사용한 식으로 나타내기

교과서 개념을 이해하고 확인 문제를 통해 익혀요.

크기가 같은 두 양의 관계를 식으로 나타내기

70＋20과 60＋30의 크기는 같습니다.

크기가 같은 두 양의 관계는 등호 '＝'를 사용하여 70＋20＝60＋30과 같이 나타낼 수 있습니다.

등호를 사용한 식으로 나타내기

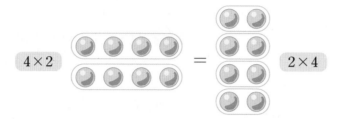

---

1 개념확인

저울이 수평을 이루는 모습을 등호를 사용한 식으로 나타내려고 합니다. □ 안에 알맞은 수를 써넣으세요.

(1)
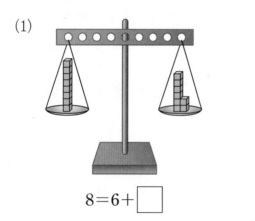

8＝6＋□

(2)
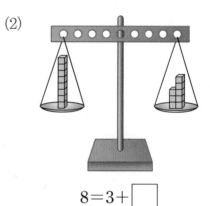

8＝3＋□

2 개념확인

그림을 보고 □ 안에 알맞은 수를 써넣으세요.

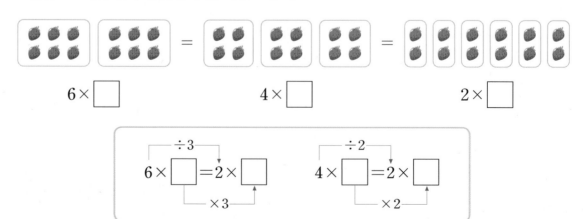

6×□   4×□   2×□

$$6×\boxed{}=2×\boxed{} \qquad 4×\boxed{}=2×\boxed{}$$

÷3 ... ×3   ÷2 ... ×2

❶ 그림을 보고 ☐ 안에 알맞은 수를 써넣으세요.

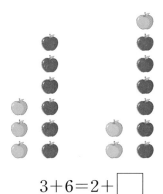

$$3+6=2+\boxed{}$$

👑 구슬의 수가 같음을 등호를 사용한 두 가지 식으로 나타내려고 합니다. ☐ 안에 알맞은 수를 써넣으세요. [2~3]

❷

$$16=7+5+\boxed{}+\boxed{}$$

❸

$$16=4\times\boxed{}$$

❹ 크기가 같은 덧셈식이 되도록 ☐ 안에 알맞은 수를 써넣으세요.

(1) $32+18=24+\boxed{}$

(2) $\boxed{}+23=9+30$

❺ 크기가 같은 곱셈식이 되도록 ☐ 안에 알맞은 수를 써넣으세요.

(1) $26\times\boxed{}=13\times12$

(2) $8\times16=\boxed{}\times4$

⭐중요

❻ 18을 1부터 9까지의 수 중 연속하는 네 수의 덧셈식으로 나타내려고 합니다. ☐ 안에 알맞은 수를 써넣으세요.

$$18=9\times2$$
$$18=\boxed{}+\boxed{}+\boxed{}+\boxed{}$$

단원 6

도형의 배열에서 규칙 찾기

(1) 모형의 개수를 세어 보고, 어떤 규칙이 있는지 찾기

첫째   둘째   셋째   넷째

➡ 모형의 개수가 한 단계가 진행될 때마다 3개, 5개, 7개씩 늘어납니다.

(2) 도형의 배열에서 규칙을 찾아보기

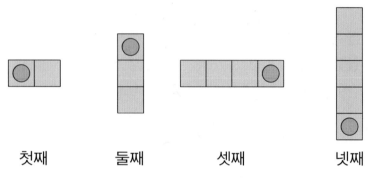

첫째   둘째   셋째   넷째

➡ ⬤ 표시된 도형을 중심으로 시계 방향으로 돌리기 하여 1개씩 늘어나는 규칙입니다.

개념잡기

◆ 도형의 배열에서 규칙을 찾을 때 개수의 규칙이 아닌 모양의 배열에서도 규칙을 찾을 수 있습니다.

➡ 가로와 세로가 각각 1개씩 늘어나서 이루어진 정사각형 모양입니다.

개념확인 1

계단 모양의 배열에서 규칙을 찾아보세요.

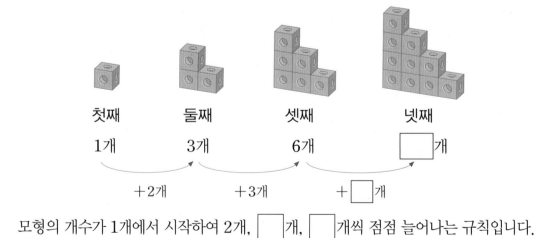

첫째   둘째   셋째   넷째

1개   3개   6개   ☐개

　　　+2개　　　+3개　　　+☐개

모형의 개수가 1개에서 시작하여 2개, ☐개, ☐개씩 점점 늘어나는 규칙입니다.

👑 연결큐브로 만든 모양의 배열에서 규칙을 찾아 물음에 답해 보세요. [1~4]

첫째   둘째   셋째

1 연결큐브가 몇 개씩 늘어나는 규칙인가요?

(　　　　　)

2 넷째에 알맞은 모양을 그려 보세요. (단, 모양을 그릴 때 연결큐브 모형을 간단히 사각형으로 나타냅니다.)

3 다섯째 모양을 만들려면 연결큐브는 몇 개 필요하나요?

(　　　　　)

4 첫째 모양부터 다섯째 모양까지 연결큐브를 모두 더하면 몇 개인가요?

(　　　　　)

👑 도형의 배열을 보고 물음에 답해 보세요. [5~7]

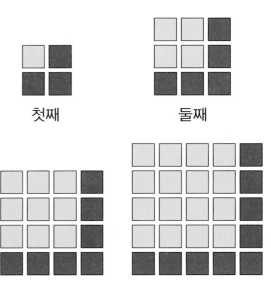

첫째   둘째

셋째   넷째

5 도형의 배열에서 빨간색 모양의 규칙을 찾아 써 보세요.

6 도형의 배열에서 노란색 모양의 규칙을 찾아 써 보세요.

★중요
7 여섯째에 올 도형을 그려 보세요.

단원
6

덧셈식에서 규칙 찾기

순서	덧셈식
첫째	$1+2+1=4$
둘째	$1+2+3+2+1=9$
셋째	$1+2+3+4+3+2+1=16$
넷째	$1+2+3+4+5+4+3+2+1=25$

• 덧셈식의 가운데 수가 1씩 커지고 있습니다.

• 계산 결과는 덧셈식의 가운데 수를 두 번 곱한 것과 같습니다.

• 가운데 수가 1씩 커질수록 두 번 곱하는 곱셈식의 수도 1씩 커집니다.

• 다섯째에 알맞은 덧셈식은

  $1+2+3+4+5+6+5+4+3+2+1=36$입니다.

뺄셈식에서 규칙 찾기

$900-200=700$	$327-105=222$
$800-300=500$	$427-205=222$
$700-400=300$	$527-305=222$
$600-500=100$	$627-405=222$

• 빼지는 수가 100씩 작아지고, 빼는 수가 100씩 커지면 두 수의 차는 200씩 작아집니다.

• 같은 자리의 수가 똑같이 커지는 두 수의 차는 항상 일정합니다.

1

개념확인

덧셈식에서 규칙을 찾아보세요.

순서	덧셈식
첫째	$1+3=4$
둘째	$1+3+5=9$
셋째	$1+3+5+7=16$
넷째	

(1) 규칙을 찾아 써 보세요.

 규칙

_____

(2) 넷째 빈칸에 알맞은 덧셈식을 써 보세요.

계산식을 보고 물음에 답해 보세요. [1~3]

㉠
$$125+215=340$$
$$125+315=440$$
$$125+415=540$$
$$125+515=640$$

㉡
$$306+203=509$$
$$316+213=529$$
$$326+223=549$$
$$336+233=569$$

㉢
$$980-750=230$$
$$880-650=230$$
$$780-550=230$$
$$680-450=230$$

㉣
$$325-125=200$$
$$425-135=290$$
$$525-145=380$$
$$625-155=470$$

1 설명에 맞는 계산식을 찾아 기호를 써 보세요.

> 십의 자리 숫자가 각각 1씩 커지는 두 수의 합은 20씩 커집니다.

( )

2 설명에 맞는 계산식을 찾아 기호를 써 보세요.

> 같은 자리의 숫자가 똑같이 작아지는 두 수의 차는 항상 일정합니다.

( )

3 지혜의 생각과 같은 규칙적인 계산식을 찾아 기호를 써 보세요.

> 지혜 : 아마 다음에 올 계산식은
> $125+615=740$일 거야.

( )

중요

4 계산식 배열의 규칙에 맞도록 빈칸에 들어갈 식을 써넣으세요.

$$6000+7000=13000$$
$$6000+17000=23000$$
$$6000+27000=33000$$

[ ]

$$6000+47000=53000$$

5 계산식 배열의 규칙에 맞도록 빈칸에 들어갈 식을 써넣으세요.

$$2900-1800=1100$$
$$2900-1700=1200$$
$$2900-1600=1300$$

[ ]

$$2900-1400=1500$$

6 덧셈식의 규칙에 따라 ☐ 안에 알맞은 수를 쓰고 규칙을 설명해 보세요.

$$400+300=700$$
$$500+\boxed{}=900$$
$$\boxed{}+500=1100$$
$$700+600=\boxed{}$$

덧셈식의 규칙

↻ 곱셈식에서 규칙 찾기

순서	곱셈식
첫째	$125 \times 4 = 500$
둘째	$125 \times 8 = 1000$
셋째	$125 \times 12 = 1500$
넷째	$125 \times 16 = 2000$

- 곱하는 수가 2배, 3배, 4배씩 커지면 곱은 2배, 3배, 4배씩 커집니다.
- 다섯째에 알맞은 곱셈식은 $125 \times 20 = 2500$입니다.

↻ 나눗셈식에서 규칙 찾기

순서	나눗셈식
첫째	$111 \div 3 = 37$
둘째	$222 \div 6 = 37$
셋째	$333 \div 9 = 37$
넷째	$444 \div 12 = 37$

- 나뉠 수가 2배, 3배, 4배씩 커지고 나누는 수가 2배, 3배, 4배씩 커지면 그 몫은 모두 똑같습니다.
- 다섯째에 알맞은 나눗셈식은 $555 \div 15 = 37$입니다.

개념확인 1

곱셈식에서 규칙을 찾아보세요.

순서	곱셈식
첫째	$175 \times 12 = 2100$
둘째	$350 \times 12 = 4200$
셋째	$525 \times 12 = 6300$
넷째	

(1) 규칙을 찾아 써 보세요.

규칙

_____

_____

(2) 넷째 빈칸에 알맞은 곱셈식을 써 보세요.

👑 계산식을 보고 물음에 답해 보세요. [1~3]

ㄱ

$$15 \times 14 = 210$$
$$30 \times 14 = 420$$
$$45 \times 14 = 630$$
$$60 \times 14 = 840$$

ㄴ

$$64 \times 5 = 320$$
$$32 \times 10 = 320$$
$$16 \times 20 = 320$$
$$8 \times 40 = 320$$

ㄷ

$$132 \div 11 = 12$$
$$264 \div 22 = 12$$
$$396 \div 33 = 12$$
$$528 \div 44 = 12$$

ㄹ

$$100 \div 25 = 4$$
$$200 \div 25 = 8$$
$$300 \div 25 = 12$$
$$400 \div 25 = 16$$

1 설명에 맞는 계산식을 찾아 기호를 써 보세요.

> 곱해지는 수가 2배, 3배, 4배씩 커지면 곱도 2배, 3배, 4배씩 커집니다.

(   )

2 설명에 맞는 계산식을 찾아 기호를 써 보세요.

> 나뉠 수가 2배, 3배, 4배씩 커지면 몫도 2배, 3배, 4배씩 커집니다.

(   )

3 영수의 생각과 같은 규칙적인 계산식을 찾아 기호를 써 보세요.

> 영수: 아마 다음에 올 계산식은
> $660 \div 55 = 12$일 거야.

(   )

⭐중요

4 계산식 배열의 규칙에 맞도록 빈칸에 들어갈 식을 써넣으세요.

$$8 \times 106 = 848$$
$$8 \times 1006 = 8048$$
$$8 \times 10006 = 80048$$

[   ]

$$8 \times 1000006 = 8000048$$

5 계산식 배열의 규칙에 맞도록 빈칸에 들어갈 식을 써넣으세요.

$$111111 \div 7 = 15873$$
$$222222 \div 14 = 15873$$
$$333333 \div 21 = 15873$$

[   ]

$$555555 \div 35 = 15873$$

6 곱셈식의 규칙에 따라 ☐ 안에 알맞은 수를 쓰고 규칙을 설명해 보세요.

$$101 \times 11 = 1111$$
$$101 \times 22 = 2222$$
$$101 \times \boxed{} = 3333$$
$$\boxed{} \times 44 = 4444$$
$$101 \times 55 = \boxed{}$$

곱셈식의 규칙

단원
6

규칙적인 계산식 찾기

일	월	화	수	목	금	토
		1	2	3	4	5
6	7	8	9	10	11	12
13	14	15	16	17	18	19
20	21	22	23	24	25	26
27	28	29	30			

• 같은 주 토요일의 날짜에서 일요일의 날짜를 빼면 항상 6이 됩니다.

➡ $12-6=6$, $19-13=6$

• ↘ 방향의 수의 합과 ↗ 방향의 수의 합은 같습니다.

➡ $6+14=7+13$, $7+15=8+14$, $8+16=9+15$

• 연속된 세 수의 합은 가운데 수의 3배와 같습니다.

➡ $6+7+8=7×3$, $13+14+15=14×3$

개념잡기

◆ 일상생활에서 접할 수 있는 도표, 그래프, 수 배열표 등의 수의 배열에서 규칙적인 계산식을 만들고 이야기함으로써 정보처리 능력, 의사소통 능력을 기를 수 있습니다.

개념확인 1

수 배열표를 보고 규칙적인 계산식을 찾아보려고 합니다. □ 안에 알맞은 수를 써넣으세요.

100	101	102	103	104
105	106	107	108	109

(1)

규칙적인 계산식 1

$$100+106=101+105$$
$$101+107=102+106$$
$$102+\boxed{}=103+\boxed{}$$
$$103+\boxed{}=\boxed{}+\boxed{}$$

(2)

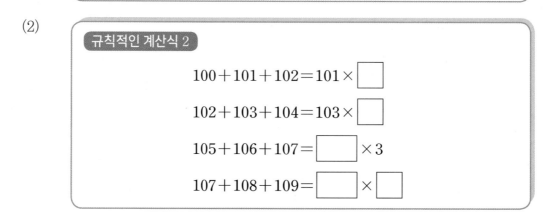

규칙적인 계산식 2

$$100+101+102=101×\boxed{}$$
$$102+103+104=103×\boxed{}$$
$$105+106+107=\boxed{}×3$$
$$107+108+109=\boxed{}×\boxed{}$$

👑 달력을 보고 물음에 답해 보세요. [1~3]

일	월	화	수	목	금	토
1	2	3	4	5	6	7
8	9	10	11	12	13	14
15	16	17	18	19	20	21
22	23	24	25	26	27	28
29	30	31				

1 달력에서 규칙적인 계산식을 찾아 ☐ 안에 알맞은 수를 써넣으세요.

$$7-1=\boxed{}$$
$$14-8=\boxed{}$$
$$21-15=\boxed{}$$
$$28-22=\boxed{}$$

2 달력에서 규칙적인 계산식을 찾아 ☐ 안에 알맞은 수를 써넣으세요.

$$15+23=16+22$$
$$16+24=17+23$$
$$17+25=18+\boxed{}$$
$$18+\boxed{}=19+25$$

3 달력에서 규칙적인 계산식을 찾아 ☐ 안에 알맞은 수를 써넣으세요.

$$8+9+10=9\times\boxed{}$$
$$15+16+17=16\times\boxed{}$$
$$22+23+24=\boxed{}\times 3$$
$$29+30+31=\boxed{}\times 3$$

👑 수 배열표를 보고 물음에 답해 보세요. [4~6]

251	253	255	257	259	261
263	265	267	269	271	273
275	277	279	281	283	285

4 수 배열표에서 규칙적인 계산식을 찾아 ☐ 안에 알맞은 수를 써넣으세요.

$$275-251=\boxed{}$$
$$277-253=\boxed{}$$
$$279-255=\boxed{}$$
$$281-257=\boxed{}$$

5 수 배열표에서 규칙적인 계산식을 찾아 ☐ 안에 알맞은 수를 써넣으세요.

$$251+265+279=255+265+275$$
$$253+267+\boxed{}=257+267+277$$
$$255+269+283=259+269+\boxed{}$$
$$257+\boxed{}+285=261+\boxed{}+281$$

⭐중요

6 수 배열표에서 규칙적인 계산식을 찾아 ☐ 안에 알맞은 수를 써넣으세요.

$$263+265+267=265\times\boxed{}$$
$$265+267+269=267\times\boxed{}$$
$$267+269+271=\boxed{}\times 3$$
$$269+\boxed{}+273=271\times 3$$

유형 **1** **수 배열표에서 규칙 찾기**

100	110	120	130	140	150
200	210	220	230	240	250
300	310	320	330	340	350
400	410	420	430	440	450

• 가로줄에서 오른쪽으로 10씩 커집니다.
• 세로줄에서 아래쪽으로 100씩 커집니다.
• ↘ 방향으로 110씩 커집니다.

수 배열표를 보고 물음에 답해 보세요. [1-1~1-3]

2004	2104	2204	2304	2404
3004	3104	3204	3304	3404
4004	■	4204	4304	4404
5004	5104	5204	5304	▲
6004	6104	6204	6304	6404

1-1 ■에 들어갈 수를 구해 보세요.

( )

1-2 ▲에 들어갈 수를 구해 보세요.

( )

📖 시험에 잘 나와요

1-3 색칠한 칸에 나타난 규칙을 찾아 써 보세요.

규칙

_____

_____

1-4 수 배열의 규칙에 맞도록 빈칸에 알맞은 수를 써넣으세요.

1001	1102		1304	1405
2012		2214	2315	2416
3023	3124	3225	3326	
4034	4135	4236		4438
	5146	5247	5348	5449

수 배열표의 일부가 찢어졌습니다. 물음에 답해 보세요. [1-5~1-6]

1	2	4	8	16
3	6	12	㉠	48
9	18	36	72	144
27	㉡			
81				

1-5 ㉠에 들어갈 수를 구해 보세요.

( )

1-6 ㉡에 들어갈 수를 구해 보세요.

( )

1-7 어느 영화관의 좌석표입니다. 좌석 번호의 규칙을 찾아 빈칸을 알맞게 채워 보세요.

좌석표

A8	A9	A10	A11		A13
B8	B9		B11	B12	B13
	C9	C10	C11	C12	C13
D8	D9	D10	D11	D12	
E8	E9	E10		E12	E13

유형 2 수의 배열에서 규칙 찾기

| 100 | 200 | 400 | 700 | 1100 |

➡ 100부터 시작하여 오른쪽으로 100, 200, 300, ...씩 커집니다.

| 4 | 8 | 16 | 32 | 64 |

➡ 4부터 시작하여 2씩 곱해진 수가 오른쪽에 있습니다.

잘 틀려요

2-1 수 배열의 규칙에 맞도록 ㉠과 ㉡에 알맞은 수를 각각 구해 보세요.

| 1 | 3 | 9 | 27 | ㉠ |

| ㉡ | 729 |

㉠ ( )

㉡ ( )

규칙적인 수의 배열을 보고 물음에 답해 보세요.

[2-2~2-3]

600	800	■	1200
	2000	2200	▲	2600

2-2 ■에 알맞은 수를 구해 보세요.

( )

2-3 ▲에 들어갈 수를 구해 보세요.

( )

유형 3 등호(=)를 사용한 식으로 나타내기

• 합이 같은 두 덧셈식을 등호로 나타내기

$$8+3=7+4 \qquad 8+3=5+6$$

• 곱이 같은 두 곱셈식을 등호로 나타내기

$$2\times12=4\times6 \qquad 2\times12=8\times3$$

3-1 흰 돌과 검은 돌의 무게는 각각 같습니다. 저울 양쪽으로 무게가 같도록 □ 안에 알맞은 수를 써넣고 등호를 사용한 식으로 나타내 보세요.

흰 돌: 5개   흰 돌: □개
검은 돌: 28개   검은 돌: 26개

식

대표유형

3-2 36을 덧셈식, 뺄셈식, 곱셈식으로 각각 나타내 보세요.

(1) 덧셈식: _____

(2) 뺄셈식: _____

(3) 곱셈식: _____

단원 6

유형**4** 도형의 배열에서 규칙 찾기

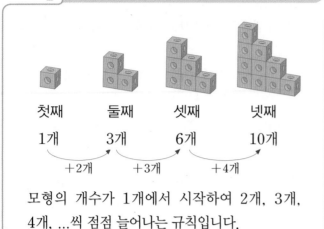

첫째 둘째 셋째 넷째

1개 3개 6개 10개

+2개 +3개 +4개

모형의 개수가 1개에서 시작하여 2개, 3개, 4개, ...씩 점점 늘어나는 규칙입니다.

👑 도형의 배열을 보고 물음에 답해 보세요.

[**4**-1~**4**-3]

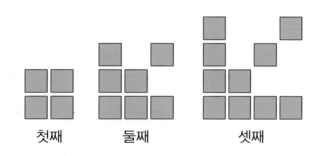

첫째 둘째 셋째

4-1 도형은 몇 개씩 늘어나는 규칙인가요?

(   )

4-2 넷째에 올 도형을 그려 보세요.

◀ 대표유형

4-3 다섯째 도형을 만들려면 ▨ 모양은 몇 개 필요하나요?

(   )

👑 도형의 배열을 보고 물음에 답해 보세요.

[**4**-4~**4**-6]

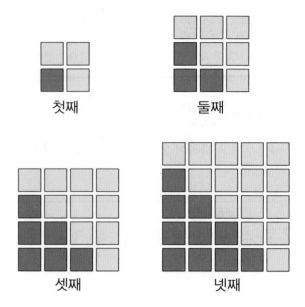

첫째 둘째

셋째 넷째

4-4 도형의 배열에서 초록색 모양의 규칙을 찾아 보세요.

_____

_____

4-5 도형의 배열에서 노란색 모양의 규칙을 찾아 보세요.

_____

_____

🚨 잘 틀려요

4-6 다섯째에 올 도형을 그려 보세요.

유형 5 계산식에서 규칙 찾기 (1)

순서	덧셈식
첫째	$1+3=4$
둘째	$1+3+5=9$
셋째	$1+3+5+7=16$
넷째	$1+3+5+7+9=25$

1부터 연속적인 홀수의 합은 홀수의 개수를 두 번 곱한 것과 같습니다.

5-1 계산식을 보고 물음에 답해 보세요.

$$157+215=372$$
$$257+315=572$$
$$357+415=772$$

[ ]

(1) 규칙을 찾아 써 보세요.

규칙

----

(2) 규칙에 맞도록 빈칸에 알맞은 식을 써 보세요.

5-2 계산식을 보고 물음에 답해 보세요.

$$375-240=135$$
$$575-440=135$$
$$775-640=135$$

[ ]

(1) 규칙을 찾아 써 보세요.

규칙

----

(2) 규칙에 맞도록 빈칸에 알맞은 식을 써 보세요.

5-3 계산식 배열의 규칙에 맞도록 빈칸에 알맞은 식을 써넣으세요.

$$5000+4000=9000$$
$$7000+5000=12000$$
$$9000+6000=15000$$

[ ]

$$13000+8000=21000$$

시험에 잘 나와요

5-4 계산식 배열의 규칙에 맞도록 빈칸에 알맞은 식을 써넣으세요.

$$6750-5250=1500$$
$$7750-4250=3500$$
$$8750-3250=5500$$

[ ]

$$10750-1250=9500$$

5-5 계산식을 보고 물음에 답해 보세요.

순서	계산식
첫째	$100+400-300=200$
둘째	$200+500-400=300$
셋째	$300+600-500=400$
넷째	

(1) 넷째 빈칸에 알맞은 계산식을 써 보세요.

(2) 규칙을 이용하여 결과가 600이 나오는 계산식을 써 보세요.

(   )

유형 6 계산식에서 규칙 찾기 (2)

- 곱셈식에서 규칙 찾기

  곱하는 수가 2배, 3배, ...씩 커지면 곱은 2배, 3배, ...씩 커집니다.

  $150 \times 2 = 300$, $150 \times 4 = 600$, $150 \times 6 = 900$, ...

- 나눗셈식에서 규칙 찾기

  나뉠 수가 2배, 3배, ...씩 커지고 나누는 수가 2배, 3배, ...씩 커지면 그 몫은 모두 같습니다.

  $123 \div 3 = 41$, $246 \div 6 = 41$, $369 \div 9 = 41$, ...

6-1 계산식 배열의 규칙에 맞도록 빈칸에 들어갈 식을 써넣으세요.

$$160 \times 5 = 800$$
$$320 \times 5 = 1600$$
$$480 \times 5 = 2400$$

$$\boxed{}$$

6-2 계산식을 보고 물음에 답해 보세요.

$$128 \div 16 = 8$$
$$256 \div 16 = 16$$
$$384 \div 16 = 24$$

$$\boxed{}$$

(1) 규칙을 찾아 써 보세요.

규칙

––––––––––––––––––––––––––––

––––––––––––––––––––––––––––

(2) 규칙에 맞도록 빈칸에 들어갈 식을 써 보세요.

6-3 계산식 배열의 규칙에 맞도록 빈칸에 들어갈 식을 써넣으세요.

$$1 \times 1 = 1$$
$$11 \times 11 = 121$$
$$111 \times 111 = 12321$$

$$\boxed{}$$

$$11111 \times 11111 = 123454321$$

6-4 계산식 배열의 규칙에 맞도록 빈칸에 들어갈 식을 써넣으세요.

$$111111 \div 111 = 1001$$
$$333333 \div 111 = 3003$$
$$555555 \div 111 = 5005$$

$$\boxed{}$$

$$999999 \div 111 = 9009$$

6-5 계산식을 보고 물음에 답해 보세요.

순서	계산식
첫째	$3 \times 3 + 1 = 10$
둘째	$33 \times 3 + 1 = 100$
셋째	$333 \times 3 + 1 = 1000$
넷째	

(1) 넷째 빈칸에 알맞은 계산식을 써 보세요.

(2) 규칙을 이용하여 결과가 100000이 나오는 계산식을 써 보세요.

(   )

유형 **7**　규칙적인 계산식 찾기

| 21 | 23 | 25 | 27 | 29 |
| 31 | 33 | 35 | 37 | 39 |

- ╲ 방향의 수의 합과 ╱ 방향의 수의 합은 같습니다.
$$21+33=23+31, \ 23+35=25+33$$
- 연속된 세 수의 합은 가운데 수의 3배와 같습니다.
$$21+23+25=23\times3$$
$$31+33+35=33\times3$$

👑 바둑판에 있는 수의 배열에서 규칙적인 계산식을 찾아 써 보세요. [**7**-1~**7**-2]

7-1 맨 위의 가로줄을 살펴보고 규칙적인 계산식을 찾아보세요.

1부터 시작하여 더하는 수가 1, 3, ☐, ☐, ☐로 점점 커집니다.

$1, \ 1+1=2, \ 2+3=5, \ 5+\boxed{\ }=10,$
$10+\boxed{\ }=17, \ 17+\boxed{\ }=26$

7-2 맨 왼쪽 세로줄을 살펴보고 규칙적인 계산식을 찾아보세요.

1부터 시작하여 더하는 수가 3, 5, ☐, ☐, ☐로 점점 커집니다.

$1, \ 1+3=4, \ 4+5=9, \ 9+\boxed{\ }=16,$
$16+\boxed{\ }=25, \ 25+\boxed{\ }=36$

👑 수 배열표를 보고 물음에 답해 보세요.

[**7**-3~**7**-4]

| 307 | 304 | 301 | 298 | 295 | 292 |
| 289 | 286 | 283 | 280 | 277 | 274 |

7-3 수 배열표에서 규칙적인 계산식을 찾아 빈칸에 알맞은 식을 써넣으세요.

$$274+295=277+292$$
$$277+298=280+295$$
$$280+301=283+298$$

☐

☐

7-4 수 배열표에서 규칙적인 계산식을 찾아 ☐ 안에 알맞은 수를 써넣으세요.

$$307+304+301=304\times\boxed{\ }$$
$$304+301+298=301\times\boxed{\ }$$
$$301+298+295=\boxed{\ }\times3$$
$$298+295+292=\boxed{\ }\times\boxed{\ }$$

7-5 보기 의 규칙을 이용하여 나누는 수가 4일 때의 계산식을 2개 더 써 보세요.

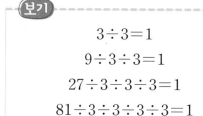

보기
$$3\div3=1$$
$$9\div3\div3=1$$
$$27\div3\div3\div3=1$$
$$81\div3\div3\div3\div3=1$$

계산식
$$4\div4=1$$
$$16\div4\div4=1$$

1 수 배열의 규칙에 맞도록 ㉠과 ㉡에 들어갈 수 들의 차를 구해 보세요.

7450	7550	7650	7750	7850
6450	㉠	6650	6750	6850
5450	5550	5650	5750	5850
4450	4550	4650	㉡	4850
3450	3550	3650	3750	3850

(   )

👑 수 배열표를 보고 물음에 답해 보세요. [2~3]

2367	2377	2387	2397
3367	3377	3387	3397
4367	4377	4387	4397
5367	5377	5387	5397

2 조건을 만족하는 규칙적인 수의 배열을 찾아 색칠해 보세요.

> **조건**
>
> • 가장 큰 수는 5397입니다.
> • 다음 수는 앞의 수보다 1010씩 작습니다.

3 수 배열의 규칙에 맞도록 ■에 알맞은 수를 구해 보세요.

(   )

4 수 배열표에서 수의 규칙을 찾아 3가지만 써 보세요.

3150	3300	3450	3600	3750
4350	4500	4650	4800	4950
5550	5700	5850	6000	6150
6750	6900	7050	7200	7350
7950	8100	8250	8400	8550

----

5 표 안의 수를 이용하여 곱셈표를 완성해 보세요.

×		6		8
200	1000	1200	1400	
	2000		2800	3200
	3000	3600		4800
800		4800	5600	6400

6 수 배열의 규칙에 맞도록 빈칸에 알맞은 수를 써넣으세요.

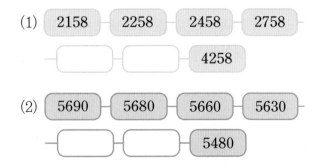

(1) 2158 — 2258 — 2458 — 2758

    ☐ — ☐ — 4258

(2) 5690 — 5680 — 5660 — 5630

    ☐ — ☐ — 5480

7 크기가 같은 뺄셈식이 되도록 □ 안에 알맞은 수를 써넣으세요.

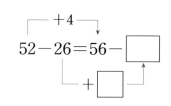

$$52 - 26 = 56 - \boxed{}$$

도형의 배열을 보고 물음에 답해 보세요.

[10~12]

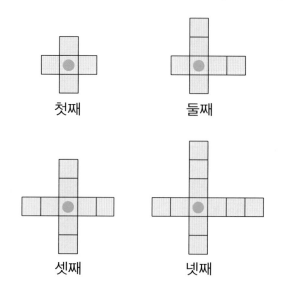

첫째   둘째

셋째   넷째

수 배열표를 보고 물음에 답해 보세요. [8~9]

+	101	202	303	404	505
25	6	7	8	9	0
26	7	■	9	0	1
27	8	9	0	1	2
28	9	0	1	▲	3
29	0	1	2	3	4

10 다섯째에 올 도형에서 정사각형의 개수를 구해 보세요.

(   )

8 수의 배열에서 ■, ▲에 알맞은 수를 각각 구해 보세요.

■ (   )

▲ (   )

11 도형의 배열 규칙을 찾아보세요.

규칙

----

9 수 배열의 규칙을 찾아보세요.

규칙

----

12 다섯째에 올 도형을 그려 보세요.

단원
6

13 그림을 보고 도형을 어떤 규칙에 따라 놓은 것인지 규칙을 써 보세요.

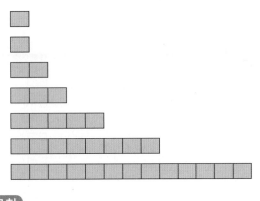

규칙

14~15 계산식을 보고 물음에 답해 보세요. [14~15]

순서	계산식
첫째	$1100+500-300=1300$
둘째	$1300+700-500=1500$
셋째	$1500+900-700=1700$
넷째	

14 계산식에는 어떤 규칙이 있는지 찾아보세요.

규칙

15 넷째 빈칸에 알맞은 계산식을 써넣으세요.

계산식을 보고 물음에 답해 보세요. [16~17]

순서	계산식
첫째	$6×6+4=40$
둘째	$66×6+4=400$
셋째	$666×6+4=4000$
넷째	$6666×6+4=40000$

16 계산식에는 어떤 규칙이 있는지 찾아보세요.

규칙

17 규칙을 이용하여 계산 결과가 400000이 나오는 계산식을 써 보세요.

(   )

18 곱셈식의 규칙을 이용하여 나눗셈식을 써 보세요.

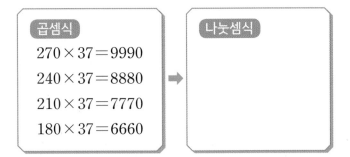

곱셈식
$270×37=9990$
$240×37=8880$
$210×37=7770$
$180×37=6660$

나눗셈식

19 계산식을 보고 □ 안에 알맞은 수를 써넣으세요.

순서	계산식
첫째	$2+4=6(2\times3)$
둘째	$2+4+6=12(3\times4)$
셋째	$2+4+6+8=20(4\times5)$
넷째	$2+4+6+8+10=30(5\times6)$

$$2+4+6+8+10+12+14=\boxed{}$$

20 계산식을 보고 □ 안에 알맞은 수를 써넣으세요.

순서	계산식
첫째	$123456789\times9=1111111101$
둘째	$123456789\times18=2222222202$
셋째	$123456789\times27=3333333303$
넷째	$123456789\times36=4444444404$

$$123456789\times72=\boxed{}$$

21 계산식 배열의 규칙에 맞게 □ 안에 알맞은 수를 써넣으세요.

$$1\times8+1=9$$
$$12\times8+2=98$$
$$123\times8+3=987$$
$$1234\times8+4=\boxed{}$$
$$\vdots$$
$$123456789\times8+9=\boxed{}$$

22 계산식 배열의 규칙에 맞게 □ 안에 알맞은 수를 써넣으세요.

$$111111111\div9=12345679$$
$$222222222\div18=12345679$$
$$333333333\div27=12345679$$
$$444444444\div36=\boxed{}$$
$$\vdots$$
$$999999999\div\boxed{}=\boxed{}$$

23 달력을 보고 다음 조건을 만족하는 수를 찾아보세요.

일	월	화	수	목	금	토
			1	2	3	4
5	6	7	8	9	10	11
12	13	14	15	16	17	18
19	20	21	22	23	24	25
26	27	28	29	30	31	

조건

• □ 안에 있는 9개의 수 중의 하나입니다.
• □ 안에 있는 9개의 수의 합을 9로 나눈 몫과 같습니다.

(   )

24 엘리베이터 버튼의 수 배열에서 규칙적인 계산식을 찾아보세요.

계산식

단원 6

1 수의 배열에서 ㉠과 ㉡에 알맞은 수를 구하려고 합니다. 풀이 과정을 쓰고 답을 구해 보세요.

467	572	677	㉠	887	㉡

✏️ **풀이** 수의 배열에서 규칙을 찾아보면

오른쪽으로 ☐ 씩 커집니다.

따라서 ㉠에 알맞은 수는

$677 +$ ☐ $=$ ☐ 이고 ㉡에 알맞은 수는

$887 +$ ☐ $=$ ☐ 입니다.

🧩 **답** ㉠ ☐ , ㉡ ☐

1-1 수의 배열에서 ㉠과 ㉡에 알맞은 수를 각각 구하려고 합니다. 풀이 과정을 쓰고 답을 구해 보세요.

985	860	735	㉠	485	㉡

✏️ **풀이**

_____

_____

_____

🧩 **답** _____

2 수 배열의 규칙에 맞도록 ㉠에 알맞은 수를 구하려고 합니다. 풀이 과정을 쓰고 답을 구해 보세요.

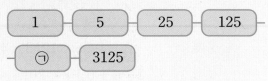

✏️ **풀이** 수 배열의 규칙을 찾아보면 1부터

시작하여 ☐ 씩 곱해진 수가 오른쪽에 있습니다.

따라서 ㉠에 들어갈 수는 $125 \times$ ☐ $=$ ☐ 입니다.

🧩 **답** _____

2-1 수 배열의 규칙에 맞도록 ㉠에 알맞은 수를 구하려고 합니다. 풀이 과정을 쓰고 답을 구해 보세요.

✏️ **풀이**

_____

_____

_____

🧩 **답** _____

3 도형의 배열을 보고 다섯째에 올 도형에서 정사각형은 모두 몇 개인지 풀이 과정을 쓰고 답을 구해 보세요.

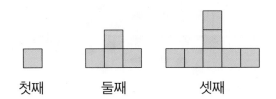

첫째 둘째 셋째

✏️ 풀이) 정사각형은 [ ]개씩 늘어나는 규칙이 있습니다.
따라서 다섯째에 올 도형에서 정사각형은
$1+3+3+$ [ ] $+$ [ ] $=$ [ ] (개)입니다.

🧩 답 [ ]개

3-1 도형의 배열을 보고 다섯째에 올 도형에서 정사각형은 모두 몇 개인지 풀이 과정을 쓰고 답을 구해 보세요.

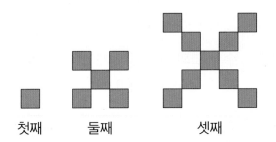

첫째 둘째 셋째

✏️ 풀이)

🧩 답

4 계산식에서 규칙을 찾아 설명하고, 다섯째 빈칸에 알맞은 식을 써 보세요.

순서	계산식
첫째	$10 \times 20 = 200$
둘째	$20 \times 20 = 400$
셋째	$30 \times 20 = 600$
넷째	$40 \times 20 = 800$
다섯째	

✏️ 설명) 10, 20, 30, 40과 같이 [ ]씩 커지는 수에 20을 곱하면 계산 결과는 [ ]씩 커집니다.
따라서 다섯째 빈칸에 알맞은 식은
[ ] $\times 20 =$ [ ] 입니다.

4-1 계산식에서 규칙을 찾아 설명하고, 다섯째 빈칸에 알맞은 식을 써넣으세요.

순서	계산식
첫째	$300 \div 3 = 100$
둘째	$600 \div 3 = 200$
셋째	$900 \div 3 = 300$
넷째	$1200 \div 3 = 400$
다섯째	

✏️ 설명)

👑 수 배열표를 보고 물음에 답해 보세요. [1~3]

1500	1550	1600	1650	1700
1750	1800	1850	1900	1950
2000	2050	2100	2150	2200
2250	2300	2350	2400	2450
2500	2550	2600	2650	2700

1 가로줄에 나타난 규칙을 찾아 ☐ 안에 알맞은 수를 써넣으세요.

규칙 1500에서 시작하여 오른쪽으로
☐ 씩 커집니다.

2 세로줄에 나타난 규칙을 찾아 ☐ 안에 알맞은 수를 써넣으세요.

규칙 1500에서 시작하여 아래쪽으로
☐ 씩 커집니다.

3 화살표 방향에 나타난 규칙을 찾아 써 보세요.

규칙
_____
_____
_____

4 수 배열의 규칙에 맞도록 빈칸에 알맞은 수를 써넣으세요.

(100)─(300)─(700)─(1300)─
(☐)─(3100)

5 밤의 수가 같음을 등호를 사용한 식을 나타내려고 합니다. 밤 18개를 서로 다른 방법으로 묶고, ☐ 안에 알맞은 수를 써넣으세요.

(1)
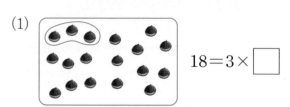

$18 = 3 \times \boxed{}$

(2)

$18 = \boxed{} \times \boxed{}$

6 수 배열의 규칙에 맞도록 빈칸에 알맞은 수를 써넣으세요.

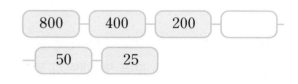

(800)─(400)─(200)─( )─
(50)─(25)

7 수 배열의 규칙에 맞게 ■와 ▲에 알맞은 수를 각각 구해 보세요.

10	20	40	80	160
20	40	80	160	320
30	60	120	240	▲
40	80	■	320	640
50	100	200	400	800

■ (   )

▲ (   )

👑 **수 배열표를 보고 물음에 답해 보세요. [8~9]**

+	11	13	15	17
11	2	4	6	8
13	4	6	8	0
15	6	■	0	2
17	8	0	2	▲

8 규칙적인 수의 배열에서 ■, ▲에 알맞은 수를 각각 구해 보세요.

■ (   )

▲ (   )

9 수 배열의 규칙을 찾아 써 보세요.

규칙

_____

_____

_____

👑 **도형의 배열을 보고 물음에 답해 보세요.**

[10~11]

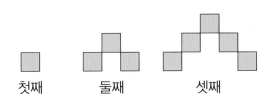

첫째   둘째   셋째

10 넷째에 올 도형을 그려 보세요.

11 다섯째에 올 도형에서 사각형은 몇 개인지 구해 보세요.

(   )

12 도형의 배열을 보고 일곱째에 올 도형에서 가장 작은 사각형은 몇 개인지 구해 보세요.

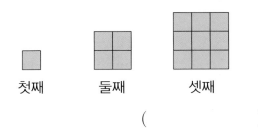

첫째   둘째   셋째

(   )

13 덧셈식의 규칙에 따라 □ 안에 알맞은 수를 써넣으세요.

$$800+100=900$$
$$700+\boxed{}=900$$
$$\boxed{}+300=900$$
$$500+400=\boxed{}$$

14 계산식 배열의 규칙에 맞도록 □ 안에 알맞은 식을 써넣으세요.

$$12000+500=12500$$
$$24000+500=24500$$
$$36000+500=36500$$

$$60000+500=60500$$

15 계산식 배열의 규칙에 맞도록 □ 안에 알맞은 식을 써넣으세요.

$$1 \div 1 = 1$$
$$121 \div 11 = 11$$
$$12321 \div 111 = 111$$

$$\boxed{}$$

$$123454321 \div 11111 = 11111$$

👑 계산식을 보고 물음에 답해 보세요. [**16~17**]

순서	계산식
첫째	$5 \times 2 + 1 = 11$
둘째	$55 \times 2 + 1 = 111$
셋째	$555 \times 2 + 1 = 1111$
넷째	

16 넷째 빈칸에 알맞은 계산식을 써넣으세요.

17 규칙을 이용하여 결과가 111111이 나오는 계산식을 써 보세요.

(   )

18 주어진 나눗셈식의 규칙을 이용하여 곱셈식을 써 보세요.

$1500 \div 100 = 15$
$3000 \div 200 = 15$
$4500 \div 300 = 15$
$6000 \div 400 = 15$

➡ $\boxed{}$

👑 수 배열표를 보고 물음에 답해 보세요.
[**19~21**]

120	122	124	126	128
121	123	125	127	129

19 수 배열표에서 규칙적인 계산식을 찾아 빈칸에 알맞은 식을 써넣으세요.

$$120 + 123 = 121 + 122$$
$$122 + 125 = 123 + 124$$
$$124 + 127 = 125 + 126$$

$$\boxed{}$$

20 수 배열표에서 규칙적인 계산식을 찾아 □ 안에 알맞은 수를 써넣으세요.

$$120 + 122 + 124 = 122 \times \boxed{}$$
$$122 + 124 + 126 = \boxed{} \times 3$$
$$124 + 126 + 128 = \boxed{} \times \boxed{}$$

21 보기 의 규칙을 이용하여 나누는 수가 5일 때의 계산식을 2개 더 써 보세요.

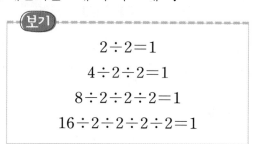

보기
$$2 \div 2 = 1$$
$$4 \div 2 \div 2 = 1$$
$$8 \div 2 \div 2 \div 2 = 1$$
$$16 \div 2 \div 2 \div 2 \div 2 = 1$$

계산식
$$5 \div 5 = 1$$
$$25 \div 5 \div 5 = 1$$

서술형

22 수 배열의 규칙을 이용하여 ㉠과 ㉡에 들어갈 수들의 차는 얼마인지 구하려고 합니다. 풀이 과정을 쓰고 답을 구해 보세요.

4000	4100	4200	4300	4400
5000	5100	㉠	5300	5400
6000	6100	6200	㉡	6400

풀이

답

23 도형의 배열에서 규칙을 찾아 설명하고, 여덟째에 올 도형을 그려 보세요.

첫째　둘째　셋째　넷째

여덟째

풀이

24 계산식의 규칙을 찾아 설명하고, 넷째 빈칸에 알맞은 계산식을 써넣으세요.

순서	계산식
첫째	$900 - 800 + 600 = 700$
둘째	$800 - 700 + 500 = 600$
셋째	$700 - 600 + 400 = 500$
넷째	

풀이

25 달력에서 규칙적인 계산식을 찾고, 찾은 규칙을 설명해 보세요.

일	월	화	수	목	금	토
					1	2
3	4	5	6	7	8	9
10	11	12	13	14	15	16
17	18	19	20	21	22	23
24	25	26	27	28	29	30

풀이

① 그림과 수의 배열을 보고 다섯째에 올 그림과 수를 각각 나타내 보세요.

첫째	둘째	셋째	넷째	다섯째
●				
1	3	6	10	

② 도형 속의 수의 배열에서 규칙을 찾아 쓰고, 빈칸에 알맞은 수를 써넣으세요.

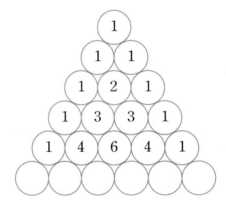

규칙

- -

- -

- -

생활에서 규칙을 찾아볼까요?

오늘은 영수 생일이어서 가족끼리 영화를 보러 가기로 했어요.

일	월	화	수	목	금	토
		1	2	3	4	5 영수 생일
6	7	8	9	10	11	12 축구 경기
13	14	15	16	17	18	19 가족 여행
20	21	22	23	24	25	26 이모 결혼식
27	28	29	30	31		

"엄마, 오늘 영화 보러 가는 거예요?"

"그럼, 영수 생일이 토요일이어서 영화 보러 가기로 약속을 했었잖아."

"엄마, 달력을 보니 토요일마다 행사가 있어요. 앗, 그런데 7일 후가 토요일이고, 또 7일 후가 토요일, 또 7일 후가 토요일이에요. 정말 신기해요."

"그렇지? 달력을 보면 여러 가지 규칙이 있어. 토요일뿐만 아니라 모든 요일은 7일마다 반복되는 규칙이 있어. 봐봐. 월요일의 날짜는 7단 곱셈구구와 같지? 또 가로는 1씩 커지고, 세로는 7씩 커지는 규칙이 있어."

영수는 달력에 여러 가지 규칙이 있다는 사실이 놀라웠어요.

영수네 가족은 생일 케이크를 나누어 먹고 오랜만에 영화를 보러 갔어요.

영화 티켓에 있는 번호를 보니 영수네 가족이 앉을 자리는 마2, 마3, 마4, 마5였습니다.

영화관에 들어 왔지만 영수는 어디에 앉아야 할지 몰라 한참을 서 있었습니다.

"영수야, 의자에 글자와 숫자가 있지? 거기에도 규칙이 있어. 그걸 보면 우리 자리를 찾을 수 있단다."

영수가 의자에 있는 글자와 숫자를 보니 정말 규칙이 있었어요.

의자 번호는 앞줄에서부터 가, 나, 다, 라, ...와 같이 한글이 순서대로 적혀 있는 규칙이 있고, 또 각 줄에서도 왼쪽부터 1, 2, 3, 4, ...와 같이 수가 순서대로 적혀 있는 규칙이 있었어요.

가1	가2	가3	가4	가5	가6
나1	나2	나3	나4	나5	나6
다1	다2	다3	다4	다5	다6
라1	라2	라3	라4	라5	라6
마1	마2	마3	마4	마5	마6

영수네 가족은 규칙을 이용해서 자리를 찾아 앉을 수 있었습니다.

영화가 끝나고 나오자 영수는 어머니께 여쭈었습니다.

"엄마는 어떻게 자리를 그렇게 금방 찾을 수 있었어요?"

"규칙은 학교에서 배우는 교과서 속에만 있는 것이 아니란다. 우리가 살고 있는 일상생활에도 규칙이 아주 많이 있단다."

영화관에서 나온 영수네 가족은 길을 건너가려고 횡단보도에 섰습니다. 영수가 가만히 서서 보니 신호등에도 규칙이 있다는 것을 알았습니다.

"엄마, 정말 엄마 말이 맞았어요. 신호등에도 규칙이 있네요. 사람이 건너는 횡단보도 신호등은 초록색 → 초록색이 깜박거림 → 빨간색의 순서로 등의 색깔이 바뀌는 규칙이 있어요."

"우리 영수 정말 대단한걸. 그러면 초록색 불이 깜박거리면 곧 빨간색으로 바뀐다는 것이니까 그럴 때 건너면 안 되겠지?"

집에 와서 영수는 방으로 들어가 규칙을 만들어 연결큐브로 모양을 만들어 보았습니다.

첫째에는 1개, 둘째는 4개, 셋째는 9개, …를 놓았습니다.

가로와 세로가 각각 한 개씩 더 늘어나서 이루어진 정사각형 모양으로 만들어 본 것이지요.

"이러한 규칙으로 만드니까 넷째는 16개의 연결큐브가 놓이는구나. 탐정처럼 자세히 들여다보면 여기저기에서 이렇게 규칙을 찾을 수 있는 거야."

영수는 자신감이 생기는 것 같아 기분이 무척 좋았습니다.

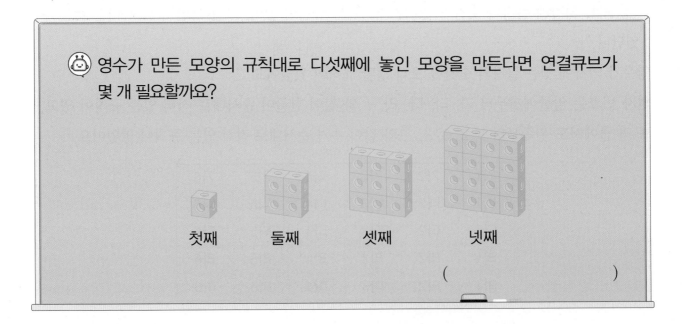

영수가 만든 모양의 규칙대로 다섯째에 놓인 모양을 만든다면 연결큐브가 몇 개 필요할까요?

첫째　　둘째　　셋째　　넷째

(　　　　　　　　)

개념을 다지고
실력을 키우는

왕수학

기본편

정답과 풀이

4-1

(주)에듀왕

왕수학
기본편

정답과 풀이

초등

4-1

1 단계 개념 탄탄   6쪽

1 (1) 5000   (2) 9000
  (3) 10000

2 (1) 1000   (2) 100
  (3) 10   (4) 1

2 단계 핵심 쏙쏙   7쪽

1 (1) 1000   (2) 10
2 10000, 1, 만, 일만
3 예

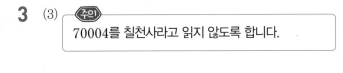

4 (1) 10   (2) 100
5 9000, 9900, 9990, 9999
6 (1) 9998, 9999   (2) 9970, 10000
7 (1) 100   (2) 1000

3 10000은 1000이 10개인 수이므로 1000을 10개 색
칠합니다.

1 단계 개념 탄탄   8쪽

1 (1) 60000, 5000   (2) 400, 90, 7
  (3) 65497

2 500, 70, 6

2 단계 핵심 쏙쏙   9쪽

1 52974
2 70381, 칠만 삼백팔십일
3 (1) 오만 사천   (2) 팔만 오천사백육십칠
  (3) 칠만 사
4 (1) 35247   (2) 56000
  (3) 80908
5 9, 7, 8   **6** 6000, 20
7 50000, 4000, 300, 80, 9
8 25430원

3 (3) 주의
70004를 칠천사라고 읽지 않도록 합니다.

4 (2) 주의
오만 육천을 500006000이라 쓰지 않도록 합니다.

8

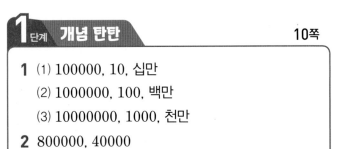

1 단계 개념 탄탄   10쪽

1 (1) 100000, 10, 십만
  (2) 1000000, 100, 백만
  (3) 10000000, 1000, 천만

2 800000, 40000

2단계 핵심 쏙쏙
11쪽

1

2 (1) 육십이만
　(2) 사백이십오만 칠천삼백구십육
　(3) 천일만 천오백칠십사

3 (1) 16만 5977, 165977
　(2) 9028만 35, 90280035

4 4367, 9851, 사천삼백육십칠만 구천팔백오십일

5 3673456, 삼백육십칠만 삼천사백오십육

6 ㉠ 7000000, ㉡ 70000

7 (1) 3000000　　　　(2) 300000

---

1 10000이 10개인 수 ➡ 10만
　10000이 100개인 수 ➡ 100만
　10000이 1000개인 수 ➡ 1000만

2 주의
　만 단위씩 끊어 읽고, 0은 읽지 않습니다.

3 (2) 백만의 자리, 천의 자리, 백의 자리는 읽지 않았
　으므로 0으로 나타냅니다.

6 ㉠ 백만의 자리 숫자이므로 7000000을 나타냅니다.
　㉡ 만의 자리 숫자이므로 70000을 나타냅니다.

7 (1) 백만의 자리 숫자이므로 3000000을 나타냅니다.
　(2) 십만의 자리 숫자이므로 300000을 나타냅니다.

3단계 유형 콕콕
12~15쪽

1-1 10
1-2 (1) 1000　　　　(2) 10000
1-3 4000, 8000, 500
1-4 10배　　　　**1-5** ㉢
1-6 (1) 20　　　　(2) 10000

1-7 100개　　　　**1-8** 10장
2-1 이만 오천사백사십육, 구만 팔십칠, 17509
2-2 74019, 칠만 사천십구
2-3 3, 0, 0, 1　　　　**2-4** 62538
2-5 0, 2, 7 / 3000, 0, 20, 7
2-6 30127　　　　**2-7** 84703
2-8 (1) 30000, 8000, 100, 20, 4
　(2) 80000, 7000, 30, 5
2-9 49500장
2-10 97542, 구만 칠천오백사십이
2-11 12034　　　　**3-1** 10, 10, 십만
3-2

3-3 (1) 이천오십사만 육십일
　(2) 천이백만 칠십
3-4 (1) 5704008　　(2) 90000136
3-5 27180703, 이천칠백십팔만 칠백삼
3-6 7480, 603, 칠천사백팔십만 육백삼
3-7 ㉡
3-8 4, 7 / 40000000, 700000
3-9 ㉠ 800000, ㉡ 800
3-10 ⑤
3-11 24260000, 이천사백이십육만
3-12 예 우리나라의 인구는 5천만 명이 넘습니다.

1-3 •10000은 6000보다 4000만큼 더 큰 수입니다.
　•10000은 8000보다 2000만큼 더 큰 수입니다.
　•10000은 9500보다 500만큼 더 큰 수입니다.

1-4 •10000 ➡ 1000의 10배
　•10000 ➡ 100의 100배
　•10000 ➡ 10의 1000배

1-5 ㉠, ㉡: 10000
　㉢: 1000＋10＝1010

1-7 10000은 100이 100개인 수이므로 100개의 상자
　가 필요합니다.

1-8 1000원짜리 지폐가 10장이면 10000원이 되므로 1000원짜리 지폐 10장을 내야 합니다.

2-1
주의
90087을 구백팔십칠이라고 읽지 않도록 합니다.

2-2 10000이 7개 ➡ 70000, 1000이 4개 ➡ 4000, 100이 0개 ➡ 0, 10이 1개 ➡ 10, 1이 9개 ➡ 9
따라서 70000＋4000＋0＋10＋9＝74019입니다.

2-5 자리 숫자가 0일 때는 나타내는 값도 0입니다.

2-6 각 수에서 3이 나타내는 값을 알아봅니다.
23871 ➡ 3000, 17395 ➡ 300,
84703 ➡ 3, 30127 ➡ 30000

2-7 각 수들의 백의 자리 숫자를 알아봅니다.
23871 ➡ 8, 17395 ➡ 3,
84703 ➡ 7, 30127 ➡ 1

2-8 각 자리의 숫자가 나타내는 자릿값을 생각해 본 후 수들의 합으로 나타냅니다.

2-9 10000장씩 4상자이면 40000장, 1000장씩 9상자이면 9000장, 100장씩 5묶음이면 500장입니다.
따라서 색종이는 모두
40000＋9000＋500＝49500(장)입니다.

2-10 만들 수 있는 가장 큰 다섯 자리 수는 97542입니다.
➡ 97542(구만 칠천오백사십이)

2-11 천의 자리에 2를 쓰고 나머지는 만의 자리부터 차례로 작은 숫자를 씁니다. 이때 0은 만의 자리에 올 수 없습니다.
➡ ☐ 2 ☐ ☐ ☐
➡ 02134(×), 12034(○)

3-3 만 단위로 띄어 읽습니다.

3-6 74800603 ➡ 만이 7480개, 일이 603개
       만   일

3-7 ㉡ 2800450을 읽어 보면 이백팔십만 사백오십입니다.

3-8 각 자리의 숫자가 나타내는 자릿값을 생각해 본 후 수들의 합으로 나타냅니다.

3-9
참고
같은 숫자라도 나타내는 값은 자릿값에 따라 다릅니다.

3-10 ① 3000000   ② 3000000   ③ 300
④ 3000   ⑤ 300000

3-11 100만이 24개 ➡ 2400만
       10만이 2개 ➡ 20만
       만이 6개 ➡ 6만
       2426만 (이천사백이십육만)

1 (1) 100000000, 1, 억, 일억
(2) 900000000, 구억
(3) 125, 백이십오억
2 3000000000, 400000000

1 (1) 2000000000, 20
(2) 452300000000, 4523
2 10억, 100억, 1000억
3 (1) 10   (2) 100   (3) 1000
4 3, 7, 5, 1, 0, 4 / 삼십칠억 오천백사만
5 (1) 이억 칠천오백사십삼만
(2) 삼백칠억 사천구백팔십만 천
(3) 오천억 삼백
6 (1) 538769100000
(2) 10400089637
7 (1) 5300억 9245만 98
(2) 678억 5004만 299
8 십억의 자리 숫자, 5000000000

8 4754698{0}1000
➡ 5000000000

1단계 개념 탄탄   18쪽

1 (1) 1조, 조
    (2) 34000000000000, 삼십사조

2 (왼쪽에서부터) 600000000000000, 3,
    9000000000000

2단계 핵심 쏙쏙   19쪽

1 159000000000000, 백오십구조

2 100조, 1000조

3 (교차 연결)

4 (1) 1억
    (2) 10억
    (3) 100억

5 육천이백팔조 사천칠백칠십오억 삼천백이십구만

6 8702, 6519, 74, 3662

7 (1) 4296735000000000
    (2) 603000050900000
    (3) 809000000453248

8 300217300690000,
    삼백조 이천백칠십삼억 육십구만

3

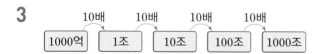

| 1000억 | 10배 | 1조 | 10배 | 10조 | 10배 | 100조 | 10배 | 1000조 |

7 (2)

> **주의**
> 603509000000이라 쓰지 않도록 합니다.

8 조가 300개, 억이 2173개, 만이 69개인 수
    ➡ 300217300690000
        조   억   만

1단계 개념 탄탄   20쪽

1 (1) 440000, 470000
    (2) 43600, 53600

2 (1) 8억 25만, 9억 25만
    (2) 1219억, 1221억

3 (1) 십조의 자리 숫자
    (2) 10조

1 1만씩 뛰어 세면 만의 자리 숫자가 1씩 커집니다.

3 (2) 십조의 자리 숫자가 1씩 커졌으므로 10조씩 뛰어
    세었습니다.

2단계 핵심 쏙쏙   21쪽

1 (1) 644억, 654억, 684억
    (2) 3760억, 3780억, 3800억

2 (1) 420조, 820조   (2) 1413조, 1713조

3 십만, 100000

4 100만   **5** 10억

6 1조

7 (1) 490000, 500000
    (2) 97억, 397억, 597억
    (3) 9000억, 1조, 1조 3000억

1 10억씩 뛰어 세면 십억의 자리 숫자가 1씩 커집
니다.

2 100조씩 뛰어 세면 백조의 자리 숫자가 1씩 커집
니다.

3 십만의 자리 숫자가 1씩 커졌으므로 100000씩 뛰어 세었습니다.

4 백만의 자리 숫자가 1씩 커졌으므로 100만씩 뛰어 세었습니다.

5 십억의 자리 숫자가 1씩 커졌으므로 10억씩 뛰어 세었습니다.

6 조의 자리 숫자가 1씩 커졌으므로 1조씩 뛰어 세었습니다.

7 (1) 10000씩 뛰어 세었습니다.
(2) 100억씩 뛰어 세었습니다.
(3) 1000억씩 뛰어 세었습니다.

1 단계 **개념 탄탄**   **22쪽**

1 (1) 9, 7 / 6, 5   (2) <
2 (1) <   (2) >

1 (2) 두 수의 자리 수가 같을 때에는 높은 자리의 숫자부터 차례로 비교합니다.

2 (1) 8자리 수 < 9자리 수

2 단계 **핵심 쏙쏙**   **23쪽**

1 25670, <, 132400
2 435700, >, 432900
3 (1) 8   (2) 백만, 58376508
4 (1) >   (2) <   (3) <
5 (1) >   (2) >   (3) <
6 <   **7** ㉡

4 두 수의 자리 수가 다를 때에는 자리 수가 많은 쪽이 더 큰 수입니다.
(3) 3814000490 < 21504790000
   (10자리 수)   (11자리 수)

5 두 수의 자리 수가 같을 때에는 높은 자리의 숫자부터 차례로 비교합니다.
(3) 450000008700 < 450000170000

6 억이 1205개, 만이 504개인 수는 120505040000입니다. 자리 수가 12자리 수로 같으므로 높은 자리의 숫자부터 차례로 비교하면 천만 자리에서 0<5입니다.

7 ㉠ 12자리 수 ㉡ 14자리 수 ㉢ 13자리 수

3 단계 **유형 콕콕**   **24~27쪽**

4-1 630, 4100, 82, 육백삼십억 사천백만 팔십이
4-2 ㉡   **4-3** 10억, 1000억
4-4 7460250815
4-5 4600억 3058만 79,
사천육백억 삼천오십팔만 칠십구
4-6 (1) 1, 100000000000 또는 1000억
(2) 백억, 40000000000 또는 400억
4-7 (   )
(○   )
4-8 149600000000 m 또는 1496억 m
5-1 (1) 100000000 또는 1억
(2) 1000000000000 또는 1조
5-2 32조 54억 3600만 500,
32005436000500, 삼십이조 오십사억 삼천육백만 오백
5-3 26071000000038
5-4 61, 2835, 91, 7400
5-5 (1) 100억   (2) 1억, 1조
5-6 ㉠ 40000000000000 또는 40조
㉡ 4000000000000 또는 4조
5-7 ㉠
6-1 283억, 293억, 303억, 323억
6-2 4420조, 4520조, 4720조
6-3 680000, 710000, 730000
6-4 9700억, 1조, 1조 100억

6-5 10만
6-6 180억
6-7 63억
6-8 325조 1500억
7-1 15437129
7-2 천만의 자리
7-3 (1) > (2) <
  (3) <
7-4 (1) 0, 1, 2, 3 (2) 8, 9
7-5 (1) > (2) <
7-6 ㉡
7-7 5674009000에 ○표, 594210000에 △표

4-1 수를 읽을 때에는 네 자리씩 끊어 각 자리에 있는 숫자와 그 자릿값의 이름을 읽습니다.

4-2 ㉠ 1000만이 10개인 수 ➡ 100000000
  ㉡ 9000만보다 1000만큼 더 큰 수
    ➡ 9000만+1000=90001000
  ㉢ 만의 10000배인 수 ➡ 100000000

4-3 각 자릿값은 한 자리씩 위로 올라갈수록 크기가 10배씩 커집니다.

4-4 칠십사억 육천이십오만 팔백십오
  ➡ 74억 6025만 815
  ➡ 7460250815

4-7 135674580000
  └➤ 억의 자리 숫자(6억)
  56719724000
  └➤ 십억의 자리 숫자(60억)

4-8 1 km=1000 m이므로 0이 3개 많아집니다.
  따라서 149600000 km=149600000000 m입니다.

5-2
> 주의
>
> 수의 중간에 있는 0은 읽을 때는 생략하지만 숫자로 써서 나타낼 때에는 생략하지 않고 반드시 0을 넣어 자리를 채워 주어야 합니다.

5-3 조가 26개, 억이 710개, 일이 38개인 수
  ➡ 26조 710억 38
  ➡ 26071000000038

5-5 (2) 1부터 시작하여 10000배가 될 때마다 만, 억, 조로 단위가 바뀝니다.

5-7 ㉠ 5432921486329 ➡ 5조
  ㉡ 32793450028730 ➡ 2조

6-2 백조의 자리 숫자가 1씩 커집니다.

6-3 69만에서 70만으로 뛰어 세었으므로 10000씩 뛰어 세기 한 것입니다.

6-4 9800억에서 9900억으로 뛰어 세었으므로 100억씩 뛰어 세기 한 것입니다.

6-6 150억에서 170억까지 2번 뛰어 세기 한 것의 차가 20억이므로 10억씩 뛰어 세기 한 것입니다.
  따라서 170억에서 10억을 뛰어 세면 180억입니다.

6-7 57억에서 67억까지 10억을 뛰어 세었고 수직선을 10칸으로 나누었으므로 눈금 한 칸은 1억입니다.

6-8 325조 1000억에서 커지는 규칙으로 100억씩 5번 뛰어 세면
  325조 1000억-325조 1100억-325조 1200억-325조 1300억-325조 1400억-325조 1500억
  이므로 325조 1500억입니다.

> 다른 **풀이**
>
> 커지는 규칙으로 100억씩 5번 뛰어 세면 500억이 커집니다. 따라서 325조 1000억에서 500억이 커지면 325조 1500억입니다.

7-1 두 수의 크기를 비교할 때에는 자리 수를 먼저 비교합니다.

7-3 (3) 73910370000 < 73913070000

7-5 (1) 893[0]54 > 8[9]1437
  (2) 15041[9]7 < 15[0]4203

7-6 ㉠ 95억의 100배 ➡ 9500억
  ㉡ 10억의 1000배 ➡ 1조
  따라서 ㉡이 더 큽니다.

4단계 실력 팍팍 28~31쪽

1 ⑤
2 53002
3 1000원
4 ㉠
5 ㉡
6 51732500명
7 170800원
8 250장
9 예슬
10 ②
11 (1) 900억 (2) 3500억, 3조 5000억
12 10000배
13 (1) 705조, 725조 (2) 860억, 1060억
14 9870654321
15 4개
16 ㉡
17 168조, 188조, 228조
18 37만, 38만, 46만, 55만, 65만
19 예 60억, 70억, 80억, 90억
예 10억씩 커지는 규칙으로 뛰어 세기를 했습니다.
20 7조 2468억
21 860억
22 5개월
23 17조 36억에 ○표, 오천팔백억 사백만에 △표
24 ㉡, ㉠, ㉢
25 인도, 중국
26 인도, 중국, 미국, 인도네시아, 브라질
27 수성, 금성, 지구
28 7, 8, 9
29 가영
30 34125

1 ⑤ 100의 10배인 수는 1000입니다.

2 오만 삼천이 ➡ 5만 3002
➡ 53002

3 지혜가 가지고 있는 돈은 4000+1000=5000(원)이므로 두 사람이 가지고 있는 돈은 4000+5000=9000(원)입니다.
따라서 두 사람이 가지고 있는 돈에 1000원을 더하면 10000원이 됩니다.

4 ㉠ 780000(78만)
㉡, ㉢ 7800000(780만)

5 각 수의 천만의 자리 숫자를 알아봅니다.
㉠ 45863210 ➡ 4
㉡ 59860000 ➡ 5
㉢ 13572468 ➡ 1
㉣ 98753620 ➡ 9

6 오천백칠십삼만 이천오백
➡ 5173만 2500 ➡ 51732500

7 10만 원짜리 수표 1장이면 100000원, 만 원짜리 지폐 7장이면 70000원, 백 원짜리 동전 8개이면 800원입니다. 따라서 은행에서 찾은 돈은
100000+70000+800=170800(원)입니다.

8 2500000 ➡ 만이 250개인 수
따라서 만 원짜리 지폐 250장으로 바꿀 수 있습니다.

9 억이 569개, 만이 7865개인 수
➡ 569억 7865만
➡ 56978650000

10 ① 8000억 ② 80억 ③ 800만 ④ 8000 ⑤ 8

12 ㉠이 나타내는 값은 600억이고 ㉡이 나타내는 값은 600만이므로 ㉠이 나타내는 값은 ㉡이 나타내는 값의 10000배입니다.

14 백만의 자리에 숫자 0을 쓰고, 높은 자리부터 큰 숫자를 차례로 씁니다.

15 억이 32개, 만이 890개, 일이 2400개인 수
➡ 32억 890만 2400
➡ 3208902400
따라서 0은 모두 4개입니다.

16 ㉠ 754600000 ➡ 5개
㉡ 300604000000 ➡ 9개
㉢ 43257000001006 ➡ 7개

17 20조씩 뛰어 세면 십조의 자리 숫자가 2씩 커집니다.

20 6조 2468억 – 6조 4468억 – 6조 6468억
– 6조 8468억 – 7조 468억 – 7조 2468억

21 800억과 900억 사이의 작은 눈금이 5칸이므로 작은
눈금 한 칸의 크기는 20억을 나타냅니다.
따라서 ㉠은 800억에서 20억씩 3번 뛰어 센 860억
입니다.

22 10000씩 5번을 뛰어 세면
75000 – 85000 – 95000 – 105000 – 115000
– 125000이므로 매달 10000원씩 5개월을 더 저금
해야 합니다.

23 17조 36억 ➡ 17003600000000
오천팔백억 사백만 ➡ 580004000000

24 ㉠ 34641900000027
㉡ 3862000957400
㉢ 43180002300000

25 인도: 14억 3262만 700
중국: 1425671400 ➡ 14억 2567만 1400

26 • 미국: 339996600(9자리 수)
• 브라질: 이억 천칠백삼십일만 삼천오백
➡ 217313500(9자리 수)
• 인도네시아: 277534100(9자리 수)
• 인도: 14억 3262만 700
➡ 1432620700(10자리 수)
• 중국: 1425671400(10자리 수)
➡ 인구 수가 많은 순서대로 국가의 이름을 써 보면
인도, 중국, 미국, 인도네시아, 브라질입니다.

27 • 57910000 km ➡ 5791만 km
• 일억 팔백이십만 km ➡ 1억 820만 km
따라서 5791만< 1억 820만< 1억 4960만이므로
태양에서 가장 가까운 순서대로 행성의 이름을 써 보
면 수성, 금성, 지구입니다.

28 높은 자리 숫자부터 차례로 크기를 비교하면 십만의
자리까지 같고, 천의 자리 숫자의 크기를 비교하면

3< 5이므로 □ 안에 들어갈 수 있는 숫자는 7, 8, 9
입니다.

29 지혜: 7643210, 가영: 7654210
➡ 만의 자리 숫자의 크기를 비교하면 4< 5이므로
가영이가 더 큰 수를 만들 수 있습니다.

30 34000보다 크고 34200보다 작은 수이므로 백의 자
리 숫자는 1입니다.
일의 자리 수가 홀수이므로 일의 자리 숫자는 5이고
나머지 2는 십의 자리 숫자가 됩니다.
따라서 조건을 모두 만족하는 수는 34125입니다.

서술 유형 익히기   32~33쪽

1 6, 5, 6, 5, 11 / 11

1-1 62385942459에서 십억의 자리 숫자는 2이고,
백만의 자리 숫자는 5입니다.
따라서 십억의 자리 숫자와 백만의 자리 숫자의
차는 5 – 2 = 3입니다. / 3

2 40000, 2000, 900, 50, 40000, 2000, 900,
50, 42950 / 42950

2-1 10000원짜리 지폐가 5장이면 50000원, 100원
짜리 동전이 13개이면 1300원, 10원짜리 동전
이 3개이면 30원입니다.
따라서 저금통에는
50000 + 1300 + 30 = 51330(원)이 있었습니다.
/ 51330원

3 21247, 21447, 21547 / 21147, 백, 1, 100 /
100

3-1 3821억, 3851억, 3871억 / 풀이 참조, 10억

4 100, 100, 2, 3400 / 2, 3400

4-1 풀이 참조, 9조 4000억

3-1 3831억에서 한 번 뛰어 3841억이 되었습니다.
따라서 십억의 자리 숫자가 1씩 커졌으므로 10억씩
뛰어 센 것입니다.

4-1 500억씩 6번 뛰어 세면 3000억이 커집니다.
따라서 어떤 수는 9조 7000억보다 3000억 작은 수
인 9조 4000억입니다.

단원 평가　　　　　　　　　34~37쪽

1 1만, 일만　　　　**2** 3, 90000
3 625900
4 (1) 오천칠만 이천칠백삼십오
　　(2) 삼백사십육억 사백구만 삼백사십삼
5 (1) 36740000000　　(2) 72000080360000
6 (1) 80000, 200, 50, 4
　　(2) 50000, 7000, 9
7 7000000000 또는 70억
8 ④
9 43000007604560 /
　　사십삼조 칠백육십만 사천오백육십
10 ㉠　　　　　　　**11** ⑤
12 4200만, 4400만　　**13** 1조 340억
14 690만, 700만　　　**15** ㉡, ㉢, ㉠
16 (1) <　　　　　(2) >
17 ④　　　　　　　**18** 6개
19 7　　　　　　　**20** 798630
21 563274　　　　　**22** 풀이 참조, 365000원
23 풀이 참조, 4개
24 풀이 참조, 7조 원
25 풀이 참조, 3조 6500억

3　600000＋20000＋5000＋900＝625900

4 만 단위로 띄어 읽습니다.

6 각 자리의 숫자가 나타내는 자릿값을 더해 줍니다.

7 7은 십억의 자리 숫자이므로 7000000000을 나타
냅니다.

8 ① 805300 ➡ 천의 자리 숫자
② 510006420 ➡ 억의 자리 숫자
③ 19500000 ➡ 십만의 자리 숫자
④ 57608731 ➡ 천만의 자리 숫자
⑤ 245600000 ➡ 백만의 자리 숫자

10 36001050017은 억이 360개, 만이 105개, 일이
17개인 수입니다. 따라서 ㉠의 설명이 틀렸습니다.

11 ① 1000만이 100개 ➡ 10억
② 10억의 100배 ➡ 1000억
③ 1억의 1000배 ➡ 1000억
④ 9000억의 1000배 ➡ 900조

12 200만씩 뛰어 센 것입니다.

13 1조 300억에서 1조 370억까지 70억이 커지고 7칸
으로 나누었으므로 눈금 한 칸은 10억입니다.
➡ ㉠은 1조 300억에서 40억 커진 1조 340억입
니다.

14 680만에서 710만까지 3번 뛰어 센 것이고, 30만 차
이가 나므로 10만씩 뛰어 센 것입니다.

15 ㉠ 4005703006 ➡ 5개
㉡ 10005000400 ➡ 8개
㉢ 5670060000 ➡ 6개

16 (1) 자리 수가 많은 쪽인 452100005가 더 큽니다.
➡ 8자리 수<9자리 수
(2) 84억 460만＝8404600000
➡ 8404600000>8044500000
　　　└──4>0──┘

17 ① 삼백오십만 칠천구 ➡ 3507009

② 만이 340개이고, 일이 9999개인 수
  ➡ 3409999

③ 3600을 1000배 한 수 ➡ 3600000

④ 3600000보다 1만큼 더 큰 수 ➡ 3600001

⑤ 3599999

18 높은 자리 숫자부터 차례로 비교하면 십억의 자리 숫자까지 같고, 천만의 자리 숫자의 크기를 비교하면 6<9이므로 □ 안에 들어갈 수 있는 숫자는 0, 1, 2, 3, 4, 5로 6개입니다.

19 0은 맨 앞에 놓일 수 없습니다. 만들 수 있는 가장 작은 수는 306789이므로 백의 자리 숫자는 7입니다.

20 십만의 자리에 7을 놓고 가장 큰 수부터 차례로 놓아 여섯 자리 수를 만들면 798630이 됩니다.

21 563000보다 크고 563400보다 작은 수는 563□□□입니다.
563000<563□□□<563400이므로 백의 자리 숫자는 남은 숫자 2, 4, 7 중에서 2입니다.
남은 숫자 4와 7 중에서 짝수는 4이므로 일의 자리 숫자는 4, 십의 자리 숫자는 7입니다.
따라서 구하는 수는 563274입니다.

서술형

22 100000원짜리 수표가 3장이면 300000원, 10000원짜리 지폐가 6장이면 60000원, 1000원짜리 지폐가 5장이면 5000원입니다.
따라서 지갑에 들어 있는 돈은 모두
300000+60000+5000=365000(원)입니다.

23 1억이 32개이면 32억, 10만이 17개이면 170만, 100이 54개이면 5400이므로 32억 170만 5400입니다. 따라서 수로 나타내면 3201705400이므로 0은 모두 4개입니다.

24 어느 해의 매출액은 5조 4000억 원이고 어느 해부터 4년 동안 매년 4000억 원씩 더 늘어나므로 4000억씩 4번 뛰어 세면 5조 4000억 − 5조 8000억 − 6조 2000억 − 6조 6000억 − 7조입니다.
따라서 4년 후의 매출액은 7조 원이 됩니다.

25 100억씩 10번 뛰어 세면 1000억이 커집니다.
따라서 어떤 수는 3조 7500억보다 1000억 작은 수이므로 3조 6500억입니다.

🔵 탐구 수학   38쪽

1 3251000

2 풀이 참조

2

🏠 생활 속의 수학   39~40쪽

• 일조 삼천오백억   • 사천억

• 1350000000000
  조 억 만

• 400000000000
  억 만

1단계 개념 탄탄 42쪽

1 (1) 나   (2) 작습니다에 ○표
2 가   **3** 나

2 가의 두 변의 벌어진 정도가 나보다 크므로 가가 더 큰 각입니다.

3 같은 크기의 각이 가는 4번, 나는 6번 들어가므로 가<나입니다.

2단계 핵심 쏙쏙 43쪽

1 (1) 가   (2) 나
2 (△) (○) ( )   **3** ㉠
4 두 변의 벌어진 정도에 ○표
5 가
6 (1) 나   (2) 다
7 (1) ㉢   (2) ㉡, ㉣

3 두 각을 겹쳐 보면 ㉠이 ㉡보다 더 작은 각입니다.

4 각의 크기는 변의 길이와 관계가 없습니다.

5 두 변의 벌어진 정도가 더 작은 것은 가입니다.

1단계 개념 탄탄 44쪽

1 (1) 도   (2) 1도, 1   (3) 90
2 (1) ㄴ   (2) ㄴㄷ   (3) 60, 60

2 (3) 각의 크기는 각도기의 밑금부터 벌어진 정도이므로 변 ㄴㄱ과 만나는 눈금은 바깥 눈금인 120이 아니라 안쪽 눈금인 60입니다.

2단계 핵심 쏙쏙 45쪽

1 중심, 밑금   **2** ㉡
3 지혜
4 (1) 80   (2) 110
5 (1) 50   (2) 150
    (3) 110   (4) 70
6 6개의 각은 모두 120°로 크기가 같습니다.

3 왼쪽 눈금 0에서 오른쪽으로 매겨진 눈금을 읽은 지혜가 바르게 구했습니다.

1단계 개념 탄탄 46쪽

1 (1) 가, 라 / 나 / 다   (2) 예각, 둔각
2 예각, 둔각, 예각, 둔각

2단계 핵심 쏙쏙 47쪽

1 (△) (○)
2 (1) 가, 다   (2) 나, 라
3 (1) 예   (2) 예

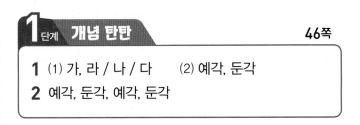

4 (1) 예   (2) 예

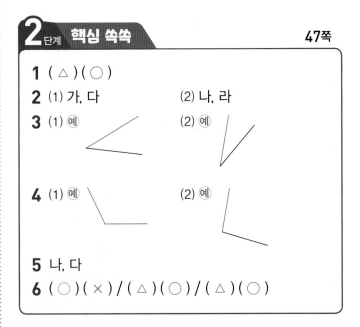

5 나, 다
6 (○) (×) / (△) (○) / (△) (○)

1 0°<(예각)<90°, 90°<(둔각)<180°

3 크기가 직각보다 작게 그립니다.

4 크기가 직각보다 크고 180°보다 작게 그립니다.

5 1시간 동안 시계의 짧은바늘이 움직이는 각도는
360°÷12＝30°입니다.
➡ 가: 90°, 나: 60°, 다: 120°

3단계 **유형 콕콕**　　　　　**48~51쪽**

1-1 나, 나　　　　　　**1-2** 가

1-3 (　) (○)

1-4 (1) ㉢　　　　　(2) ㉡

1-5 예
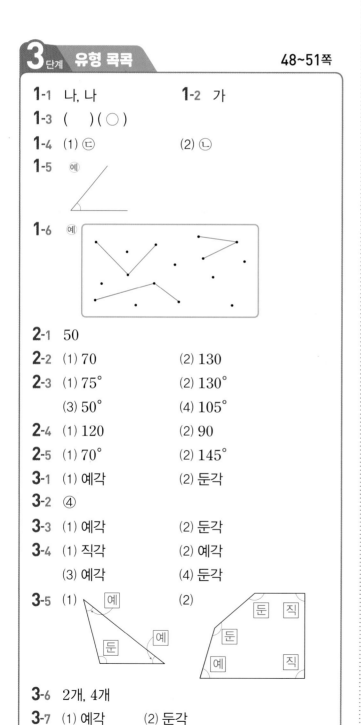

1-6 예

2-1 50

2-2 (1) 70　　　　　(2) 130

2-3 (1) 75°　　　　　(2) 130°
(3) 50°　　　　　(4) 105°

2-4 (1) 120　　　　　(2) 90

2-5 (1) 70°　　　　　(2) 145°

3-1 (1) 예각　　　　　(2) 둔각

3-2 ④

3-3 (1) 예각　　　　　(2) 둔각

3-4 (1) 직각　　　　　(2) 예각
(3) 예각　　　　　(4) 둔각

3-5 (1)　　　　　(2)

3-6 2개, 4개

3-7 (1) 예각　　　　　(2) 둔각

3-8 (1) 직각　　　　(2) 둔각　　　　(3) 예각

3-9 ㉢, ㉣

3-10 (1) 예　　　　　　(2) 예
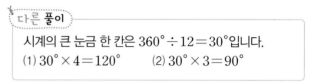

3-11 2개　　　　　　**3-12** 가, 라 / 다 / 나, 마

1-2 두 변의 벌어진 정도가 클수록 큰 각입니다.

1-5 90°보다 작은 각을 그려 봅니다.

2-4 직접 각도기로 재어 봅니다.

> **다른 풀이**
> 시계의 큰 눈금 한 칸은 360°÷12＝30°입니다.
> (1) 30°×4＝120°　　(2) 30°×3＝90°

2-5 각의 변이 짧게 그려져 각도기의 눈금을 읽을 수 없는 경우에는 변의 길이를 길게 연장하여 각도를 잽니다.

3-2 크기가 직각보다 작은 각을 예각이라고 합니다.

3-4 (1)　　　　　　　(2)

(3)　　　　　　　(4)

3-7 (1) 0°보다 크고 직각보다 작으므로 예각입니다.
(2) 직각보다 크고 180°보다 작으므로 둔각입니다.

3-9 ㉠ 6시 ➡ 180°, ㉡ 3시 ➡ 90°, ㉢ 2시 ➡ 60°,
㉣ 11시 ➡ 30°
➡ 시계의 긴바늘과 짧은바늘이 이루는 작은 쪽의 각이 예각인 것은 ㉢, ㉣입니다.

3-11 • 예각: 57°
• 둔각: 125°, 95°
• 직각: 90°
180°는 예각도 직각도 둔각도 아닙니다.

1단계 개념 탄탄 52쪽

1 (1) 예 70, 70 (2) 예 115, 115
2 합: 100, 차: 60

2단계 핵심 쏙쏙 53쪽

1 (1) 예 25, 25 (2) 예 145, 145
2 (1) 75 (2) 60
3 (1) 110 (2) 125
　(3) 80 (4) 45
4 125, 45 **5** 155, 45
6 60, 30, 90 / 60, 30, 30

3 두 각도의 합과 차는 자연수의 덧셈, 뺄셈과 같은 방법으로 계산합니다.

4 각도의 합: $85° + 40° = 125°$
　각도의 차: $85° - 40° = 45°$

5 각도의 합: $100° + 55° = 155°$
　각도의 차: $100° - 55° = 45°$

6 각도를 재어 보면 가는 60°, 나는 30°입니다.

1단계 개념 탄탄 54쪽

1 ㉠ 85° ㉡ 60° ㉢ 35° / 85, 60, 35, 180
2 (1) 180, 180 (2) 180

2단계 핵심 쏙쏙 55쪽

1 80, 50, 50, 180 **2** 180
3 70 **4** 50
5 70° **6** 180, 180, 125
7 180, 180, 80, 100

1 삼각형의 모양과 크기가 다르더라도 삼각형의 세 각의 크기의 합은 항상 180°입니다.

3 삼각형의 세 각의 크기의 합은 180°이므로
　□° $= 180° - 70° - 40° = 70°$입니다.

4 직각은 90°이므로
　□° $= 180° - 40° - 90° = 50°$입니다.

5 $180° - 75° - 35° = 70°$

6 삼각형의 세 각의 크기의 합은 180°임을 이용하여 두 각의 크기의 합을 구할 수 있습니다.

1단계 개념 탄탄 56쪽

1 ㉠ 90° ㉡ 80° ㉢ 80° ㉣ 110° /
　90, 80, 80, 110, 360
2 (1) 180, 180 (2) 180, 180, 360
　(3) 360

2단계 핵심 쏙쏙 57쪽

1 (1) 90, 90, 110, 70, 360
　(2) 95, 65, 70, 130, 360
2 360 **3** 75, 75
4 135 **5** 75
6 110 **7** (1) 140° (2) 96°

1 사각형의 모양과 크기가 다르더라도 사각형의 네 각의 크기의 합은 항상 $360°$입니다.

4 사각형의 네 각의 크기의 합은 $360°$이므로
$\square° = 360° - 45° - 80° - 100° = 135°$입니다.

5 $\square° = 360° - 95° - 100° - 90° = 75°$

6 $\square° = 360° - 90° - 90° - 70° = 110°$

7 (1) $360° - 75° - 100° - 45° = 140°$
(2) $360° - 65° - 87° - 112° = 96°$

3단계 **유형 콕콕**　　　　　　58~61쪽

4-1 예슬
4-2 (1) 100　　　　　　(2) 80
4-3 (1) 90　　　　　　(2) 80
4-4 (1) 145　　　　　　(2) 95
4-5 $135°$, $55°$　　　**4-6** 55
5-1 ㉠ $60°$ ㉡ $55°$ ㉢ $65°$ / $180°$
5-2 180　　　　　　**5-3** 95
5-4 60　　　　　　**5-5** 석기
5-6 $55°$　　　　　　**5-7** ㉠
5-8 $105°$　　　　　**5-9** 100
5-10 70
6-1 ㉠ $105°$ ㉡ $70°$ ㉢ $90°$ ㉣ $95°$ / $360°$
6-2 360　　　　　　**6-3** 180, 360
6-4 동민　　　　　　**6-5** 105
6-6 130　　　　　　**6-7** 360, 160
6-8 $115°$　　　　　**6-9** 100
6-10 65

4-1 주어진 각의 크기를 재어 보면 $45°$이고 $40°$와 차가 가장 작으므로 예슬이가 가장 잘 어림하였습니다.

4-3 (1) $45° + 45° = 90°$
(2) $120° - 40° = 80°$

4-4 각도의 합과 차를 계산할 때에는 자연수의 덧셈과 뺄셈처럼 받아올림과 받아내림에 주의하여 계산합니다.

4-5 합: $40° + 95° = 135°$
차: $95° - 40° = 55°$

4-6 직선은 $180°$이므로
$\square° = 180° - 125° = 55°$입니다.

5-1 $60° + 55° + 65° = 180°$

5-3 삼각형의 세 각의 크기의 합은 $180°$이므로
$\square° = 180° - 35° - 50° = 95°$입니다.

5-4 $\square° = 180° - 90° - 30° = 60°$

5-5 삼각형의 세 각의 크기의 합을 알아봅니다.
한별: $50° + 50° + 80° = 180°$
효근: $60° + 30° + 90° = 180°$
석기: $30° + 125° + 30° = 185°$
따라서 석기가 잘못 나타냈습니다.

5-6 삼각형의 세 각의 크기의 합이 $180°$이므로 나머지 한 각의 크기는 $180° - 80° - 45° = 55°$입니다.

5-7 · ㉠ $= 180° - 80° - 40° = 60°$
· ㉡ $= 180° - 35° - 90° = 55°$
➡ $60° > 55°$이므로 ㉠이 더 큽니다.

5-8 삼각형의 세 각의 크기의 합이 $180°$이므로
㉠ + ㉡ $= 180° - 75° = 105°$입니다.

5-9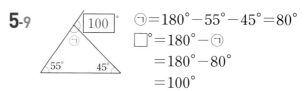
㉠ $= 180° - 55° - 45° = 80°$
$\square° = 180° - ㉠$
$= 180° - 80°$
$= 100°$

5-10

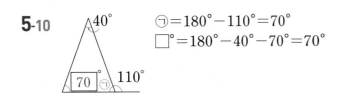

$\textcircled{\scriptsize ㄱ}=180°-110°=70°$
$\square°=180°-40°-70°=70°$

6-1 $105°+70°+90°+95°=360°$

6-4 네 각의 크기의 합을 구합니다.
　　영수: $80°+45°+115°+110°=350°$
　　동민: $90°+150°+75°+45°=360°$
　　상연: $30°+100°+75°+75°=280°$
　　따라서 동민이가 사각형을 그릴 수 있습니다.

6-5 $\square°=360°-70°-65°-120°=105°$

6-6 $\square°=360°-45°-95°-90°=130°$

6-8 사각형의 네 각의 크기의 합은 360°입니다.
　　따라서 나머지 한 각의 크기는
　　$360°-65°-100°-80°=115°$입니다.

6-9

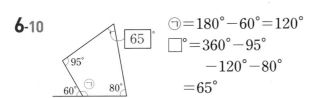

$\textcircled{\scriptsize ㄱ}=360°-80°-120°-80°$
　　$=80°$
$\square°=180°-80°=100°$

6-10

$\textcircled{\scriptsize ㄱ}=180°-60°=120°$
$\square°=360°-95°$
　　　$-120°-80°$
　　$=65°$

5 (1) 70° 　　　(2) 110°
6 30, 150 　　**7** 180
8 135°, 45° 　**9** 85°, 20°
10 ㉡, ㉢
11

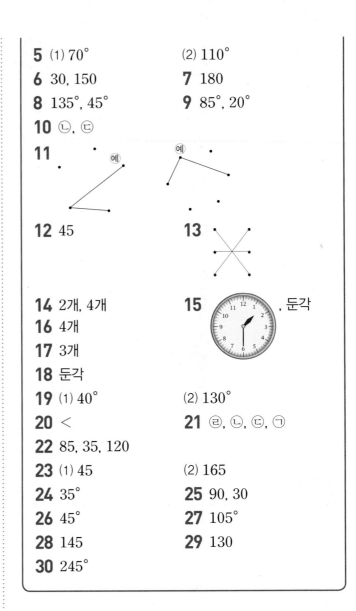

12 45 　　　　**13**
14 2개, 4개 　**15** , 둔각
16 4개
17 3개
18 둔각
19 (1) 40° 　　(2) 130°
20 < 　　　**21** ㉣, ㉡, ㉢, ㉠
22 85, 35, 120
23 (1) 45 　　(2) 165
24 35° 　　　**25** 90, 30
26 45° 　　　**27** 105°
28 145 　　　**29** 130
30 245°

2 두 변의 벌어진 정도가 가장 큰 것부터 차례로 기호를 씁니다.

4 가장 작은 각부터 차례로 쓰면 ㉡, ㉢, ㉠입니다.

9 가장 큰 각은 각 ㄱㄴㄷ으로 각의 크기가 85°이고, 가장 작은 각은 각 ㄱㄷㄴ으로 각의 크기가 20°입니다.

10 예각은 0°보다 크고 90°보다 작은 각이므로 두 젓가락이 이루는 각도가 예각인 것은 ㉡, ㉢입니다.

12 정사각형 모양의 색종이를 한 번 접어서 만들어진 각은 45°입니다.

4단계 **실력 팍팍**　　　62~65쪽

1 3, 1, 2 　　　**2** ㉠, ㉢, ㉡
3

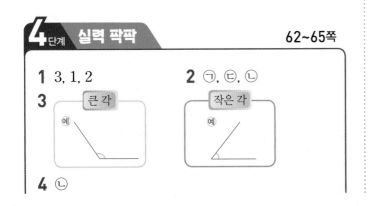

큰 각 / 작은 각

4 ㉡

14 예각: 50°, 75° ➡ 2개
둔각: 120°, 115°, 95°, 100° ➡ 4개

16 예각은 0°보다 크고 직각보다 작은 각이므로
각 ㄱㅇㄴ, 각 ㄴㅇㄷ, 각 ㄷㅇㄹ, 각 ㄹㅇㅁ이 예각
입니다. 따라서 예각은 모두 4개입니다.

17 둔각은 직각보다 크고 180°보다 작은 각이므로
각 ㄱㅇㄹ, 각 ㄴㅇㄹ, 각 ㄴㅇㅁ이 둔각입니다.
따라서 둔각은 모두 3개입니다.

18 135°는 직각보다 크고 180°보다 작으므로 둔각입
니다.

19 (1) (각 ㄴㅇㄹ)=90°이므로
(각 ㄴㅇㄷ)=90°−50°=40°입니다.
(2) (각 ㄱㅇㄷ)=(각 ㄱㅇㄴ)+(각 ㄴㅇㄷ)
=90°+40°=130°

20 95°+25°=120°, 165°−40°=125°

21 ㉠ 110° ㉡ 125° ㉢ 120° ㉣ 130°

22 각도기로 재어 보면 가장 큰 각은 85°, 가장 작은 각
은 35°입니다.
➡ 85°+35°=120°

23 (1) 105°+□°=150°, □°=150°−105°=45°
(2) □°−75°=90°, □°=90°+75°=165°

24 55°+㉠=90°, ㉠=90°−55°=35°

26 ㉠=90°−45°=45°

27 · ㉠=180°−60°−50°=70°
· ㉡=180°−115°−30°=35°
➡ ㉠+㉡=70°+35°=105°

28 □°=360°−90°−90°−35°=145°

29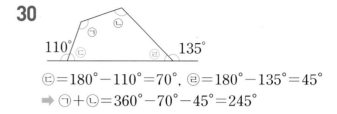

㉠=180°−100°=80°
□°=360°−70°−80°
−80°
=130°

30

㉢=180°−110°=70°, ㉣=180°−135°=45°
➡ ㉠+㉡=360°−70°−45°=245°

① 180, 100, 180, 180, 100, 80 / 80

①-1 직선이 이루는 각은 180°이고
70°+45°=115°입니다.
따라서 180°에서 두 각도의 합을 빼면
㉠=180°−115°=65°입니다. / 65

② 115, 60, 115, 60, 175 / 175

②-1 가장 큰 각도는 150°이고, 가장 작은 각도는 45°
입니다. 따라서 가장 큰 각도와 가장 작은 각도의
차는 150°−45°=105°입니다. / 105

③ 20, 100, 185, 185

③-1 풀이 참조

④ 180, 180, 50, 180, 180, 50, 130 / 130

④-1 풀이 참조, 110

3-1 동민이가 잰 사각형의 네 각의 크기의 합을 구하면
$40°+100°+120°+90°=350°$입니다.
사각형의 네 각의 크기의 합은 $360°$인데 $350°$가 되었으므로 사각형의 네 각의 크기를 잘못 재었습니다.

4-1 사각형에서 네 각의 크기의 합은 $360°$이므로 나머지 한 각의 크기는 $360°-110°-90°-90°=70°$입니다. 직선이 이루는 각의 크기가 $180°$이므로
㉠$=180°-70°=110°$입니다.

3 꼭짓점에 각도기의 중심을 맞추고, 각도기의 밑금을 변에 맞춥니다.

6 각도기의 중심을 각의 꼭짓점에 맞추고, 각도기의 밑금을 각의 한 변에 맞추어 각도를 잽니다.

8 $0°$보다 크고 직각보다 작은 각을 예각이라고 합니다. 따라서 예각은 나입니다.

9 직각보다 크고 $180°$보다 작은 각을 둔각이라 하고, 둔각은 가, 라입니다.

12
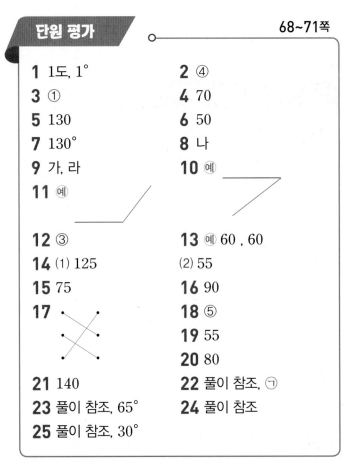

15 $30°+45°=75°$

16 $150°-60°=90°$

17 • $80°+85°=165°$
• $115°+95°=210°$
• $180°-35°=145°$

18 ① $90°$ ② $150°$ ③ $170°$
④ $145°$ ⑤ $185°$

19 □$°=180°-35°-90°=55°$

20 □$°=360°-75°-130°-75°=80°$

21

$$\begin{array}{c} 95° \\ 45° \\ \boxed{140}° \end{array}$$

㉠$=180°-95°-45°=40°$
한 직선이 이루는 각의 크기는 $180°$이므로
□$°=180°-40°=140°$입니다.

---

2 두 변의 벌어진 정도가 가장 작은 각은 ④입니다.

서술형

22 ㉠ $45°+35°=80°$

㉡ $150°-55°=95°$

예각은 0°보다 크고 직각보다 작은 각이므로 ㉠이 예각입니다.

23 직선이 이루는 각은 180°이고

$25°+90°=115°$입니다.

따라서 180°에서 두 각도의 합을 빼면

㉠$=180°-115°=65°$입니다.

24 ① 각도기로 직접 재어 그 합을 구하면

$90°+90°+60°+120°=360°$입니다.

② 사각형을 잘라서 사각형의 꼭짓점이 한 점에 모이도록 이어 붙이면 360°입니다.

③ 사각형을 삼각형 2개로 나눌 수 있으므로

$180°×2=360°$입니다.

25 ㉠$=180°-80°-30°=70°$

㉡$=360°-90°-90°-80°=100°$

따라서 ㉠과 ㉡의 각도의 차는 $100°-70°=30°$입니다.

1

$45°+30°=75°$ $45°+60°=105°$

$90°+30°=120°$ $90°+45°=135°$

$90°+60°=150°$ $90°+90°=180°$

2

$45°-30°=15°$ $60°-45°=15°$

$90°-60°=30°$ $90°-45°=45°$

$90°-30°=60°$

3 ・ $90°+90°=180°$

・ $45°-30°=15°$

🏠 생활 속의 수학   73~74쪽

직각

크기가 0°보다 크고 직각보다 작은 각을 예각이라 하고 직각보다 크고 180°보다 작은 각을 둔각이라고 합니다.

⊚ 탐구 수학   72쪽

1 180°, 150°, 135°　　**2** 15°, 30°, 45°

3 180°, 15°

1단계 개념 탄탄   76쪽

1 풀이 참조, 2700

2 (1) 780, 7800, 10 / 780, 7800, 10

(2) 624, 6240, 10 / 624, 6240, 10

1

	천의 자리	백의 자리	십의 자리	일의 자리		결과
135		1	3	5	➡	135
135×2		2	7	0	➡	270
135×2의 10배	2	7	0	0	➡	2700

2단계 핵심 쏙쏙   77쪽

1 (1) 000, 3   (2) 000, 3

2 (1) 2520, 2520   (2) 3595, 3595

3 1752, 3, 1752 / 1752

4 4, 528, 5280

5 (1) 12000   (2) 5000

(3) 3750   (4) 5140

6 49000, 63000   **7**

8 150×30＝4500, 4500개

3 0을 먼저 일의 자리에 쓰고 0의 왼쪽에 584×3의 곱을 씁니다.

6 • 70×700＝49000
• 90×700＝63000

7 • 400×40＝16000
• 350×40＝14000
• 40×600＝24000

1단계 개념 탄탄   78쪽

1 4, 1128, 8460, 9588

2 풀이 참조

2

```
    1 8 7          1 8 7          1 8 7
  ×   4 5        ×     5        ×   4 0
  ─────────      ─────────      ─────────
    9 3 5  ◄──     9 3 5          7 4 8 0
  7 4 8 0                          
  ─────────                        
  8 4 1 5
```

2단계 핵심 쏙쏙   79쪽

1 10, 7150, 8580

2 (1) 535, 2140, 2675

(2) 426, 8520, 8946

3 435×6, 435×40

4 (1) 14994   (2) 36778

5 41013   **6** 15300

7 >

8 450×12＝5400, 5400원

1 12＝2＋10이므로 715×2와 715×10을 계산하여 그 결과를 더합니다.

2 (1) 곱하는 수 25를 5와 20으로 나누어 곱해지는 수 107과 각각 곱하고 그 결과를 더합니다.

4 (1)
```
      3 5 7
    ×   4 2
    ─────────
        7 1 4
    1 4 2 8 0
    ─────────
    1 4 9 9 4
```
(2)
```
      5 1 8
    ×   7 1
    ─────────
        5 1 8
    3 6 2 6 0
    ─────────
    3 6 7 7 8
```

5 837×49＝41013

6 612×25＝15300

7 329×30＝9870, 415×22＝9130

3단계 유형 콕콕

1-1 (1) 1560, 5, 1560 (2) 2562, 3, 2562

1-2 (1) 72000 (2) 32200

(3) 19560 (4) 29000

1-3 22080   **1-4** <

1-5 ㉢   **1-6**

1-7 743×80=59440

1-8 ④

1-9 ㉡, ㉠, ㉢, ㉣   **1-10** 399

1-11 900×50=45000, 45000 km

1-12 117×30=3510, 3510개

1-13 9900원

2-1 20, 2130, 8520, 10650

2-2
```
      3 1 5
  ×     2 8
  ┌─────────┐
  │ 2 5 2 0 │ ← 315× 8
  ├─────────┤
  │ 6 3 0 0 │ ← 315× 20
  ├─────────┤
  │ 8 8 2 0 │
  └─────────┘
```

2-3 (1) 5984 (2) 11040

(3) 12600 (4) 18944

2-4 285×18=5130, 5130개

2-5 248×35=8680, 8680개

2-6 ㉣

2-7 15194, 8346

2-8
```
    5 0 8
  ×   4 2
  ─────────
    1 0 1 6
  2 0 3 2 0
  ─────────
  2 1 3 3 6
```

2-9 14592

2-10 25233

2-11 16060 L

2-12 864, 97, 83808

2-13 246, 13, 3198   **2-14** 5580번

2-15 61200번

1-2 (세 자리 수)×(몇십)은 (세 자리 수)×(몇)을 계산한 후 0을 1개 붙입니다.

1-3 276×80=22080

1-4 · 365×30=10950
· 297×40=11880 ➡ 10950<11880

1-5 ㉠ 15000 ㉡ 12600 ㉢ 20000 ㉣ 16000

1-7 곱을 크게 하려면 세 자리 수와 두 자리 수의 맨 윗자리에 가장 큰 수를 놓아야 합니다.
843×70=59010
743×80=59440
따라서 가장 큰 곱은 59440입니다.

1-8 ①, ②, ③, ⑤ ➡ 18000, ④ ➡ 17500

> **참고**
> ①, ②, ③에서 곱해지는 수는 $\frac{1}{2}$로 줄고 곱하는 수는 2배가 되므로 곱은 같습니다.

1-9 ㉠ 42000 ㉡ 46400 ㉢ 36000 ㉣ 29800

1-10 400×30=12000이므로 □×30<12000에서 □ 안에 들어갈 수 있는 가장 큰 수는 400보다 1 작은 수인 399입니다.

1-13 450×20=9000(원), 9000+900=9900(원)

2-3 (3)
```
      3 6 0
  ×     3 5
  ─────────
    1 8 0 0
  1 0 8 0 0
  ─────────
  1 2 6 0 0
```
(4)
```
      5 1 2
  ×     3 7
  ─────────
    3 5 8 4
  1 5 3 6 0
  ─────────
  1 8 9 4 4
```

2-6 329×4=1316은 실제로 329×40=13160입니다. 따라서 6은 십의 자리인 ㉣에 써야 합니다.

2-7 · 214×71=15194
· 214×39=8346

2-9 가장 큰 수는 608이고, 가장 작은 수는 24입니다. 따라서 두 수의 곱은 608×24=14592입니다.

2-10 647×39=(647×30)+(647×9)
=19410+5823
=25233

2-11 · 하루에 절약할 수 있는 물의 양:
22×2=44(L)

• 1년 동안 절약할 수 있는 물의 양:
$44 \times 365 = 16060(L)$

2-12 계산 결과가 가장 큰 수가 나오려면 세 자리 수와 두 자리 수를 각각 가장 큰 수로 만들어야 합니다.

2-13 계산 결과가 가장 작은 수가 나오려면 세 자리 수와 두 자리 수를 각각 가장 작은 수로 만들어야 합니다.

2-14 하루 동안 울리는 종소리는
$(1+2+3+\cdots+12) \times 2 + 12 \times 2$
$= 78 \times 2 + 12 \times 2 = 180(번)$입니다.
5월 한 달은 31일이므로
$180 \times 31 = 5580(번)$입니다.

2-15 12시간은 $60 \times 12 = 720(분)$이므로 720분 동안에 뛴 맥박 수는 $720 \times 85 = 61200(번)$입니다.

1단계 개념 탄탄 84쪽

1 7, 7 / 7, 0 / 7, 0 / 20, 7, 140
2 (1) 4
　　(2) 4, 4, 3 / 4, 3 / 4, 240, 3
　　(3) 4, 240, 240, 3

1
$140 \div 20 = 7$
$14 \div 2 = 7$

$$\begin{array}{r} 7 \\ 20\overline{)140} \\ \underline{140} \\ 0 \end{array}$$

몫 7　나머지 0　확인 $20 \times 7 = 140$

2단계 핵심 쏙쏙 85쪽

1 (1) 8　　　　(2) 8, 8 / 8, 160, 0
2 (1) 3, 3　　(2) 7, 7
3 (1) 4, 320, 0　(2) 5, 200, 0
4

✕ (선 연결)

5 6, 180, 27, $30 \times 6 = 180$, $180 + 27 = 207$
6 5, 23 / 5, 400, 400, 23 / 5, 400, 23

4
• $280 \div 40 = 7$　　• $420 \div 70 = 6$
• $480 \div 60 = 8$　　• $240 \div 30 = 8$
• $300 \div 50 = 6$　　• $350 \div 50 = 7$

5 나눗셈을 한 후 계산이 맞는지 확인합니다.

1단계 개념 탄탄 86쪽

1 56, 70 / 5, 70 / 5
2 175, 200 / 7, 175, 4 / 7, 175, 175, 4

2단계 핵심 쏙쏙 87쪽

1 (1) 4, 96, 0　　　　(2) 4, 128, 0
2
$$\begin{array}{r} 5 \\ 16\overline{)89} \\ \underline{80} \\ 9 \end{array}$$
확인 　$16 \times 5 = 80$, $80 + 9 = 89$
3
$$\begin{array}{r} 6 \\ 17\overline{)113} \\ \underline{102} \\ 11 \end{array}$$
확인 $17 \times 6 = 102$, $102 + 11 = 113$
4 4
5

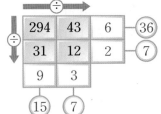

6 ㄹ
7
① $$\begin{array}{r} 3 \\ 13\overline{)49} \\ \underline{39} \\ 10 \end{array}$$
③ $$\begin{array}{r} 2 \\ 32\overline{)72} \\ \underline{64} \\ 8 \end{array}$$
② $$\begin{array}{r} 9 \\ 28\overline{)261} \\ \underline{252} \\ 9 \end{array}$$

5 • $294 \div 43 = 6 \cdots 36$ • $31 \div 12 = 2 \cdots 7$
   • $294 \div 31 = 9 \cdots 15$ • $43 \div 12 = 3 \cdots 7$

6 ㉠ $76 \div 17 = 4 \cdots 8$ ㉡ $186 \div 33 = 5 \cdots 21$
   ㉢ $74 \div 23 = 3 \cdots 5$ ㉣ $260 \div 42 = 6 \cdots 8$

7 나머지는 나누는 수보다 작아야 합니다.

1단계 개념 탄탄
88쪽

1
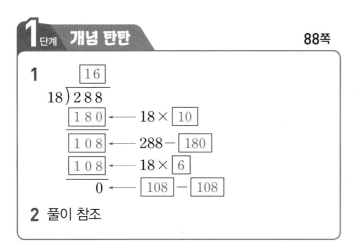

2 풀이 참조

2

$$26 \overline{)650} \quad \Rightarrow \quad 26 \overline{)650}$$

확인 $26 \times \boxed{25} = \boxed{650}$

2단계 핵심 쏙쏙
89쪽

1 540, 720 / 30, 40   **2** 15, 36, 180, 180
3
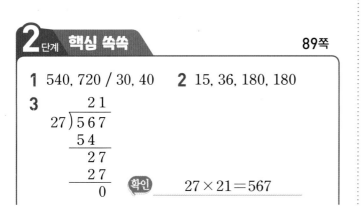

확인 $27 \times 21 = 567$

4

$$31 \overline{)806}$$

확인 $31 \times 26 = 806$

5 36   **6** ㉡, ㉢
7 · ✕ ·
8 $980 \div 35 = 28$, 28상자

5 $828 \div 23 = 36$

6 ㉠ 6 ㉡ 15 ㉢ 34 ㉣ 7

> **다른 풀이**
> 나뉠 수의 왼쪽 두 자리 수가 나누는 수보다 크거나
> 같으면 몫은 두 자리 수이므로 몫이 두 자리 수인
> 나눗셈은 ㉡, ㉢입니다.

7 $322 \div 23 = 14$, $507 \div 39 = 13$

1단계 개념 탄탄
90쪽

1
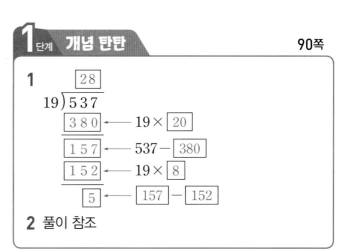

2 풀이 참조

2

$$21 \overline{)593} \quad \Rightarrow \quad 21 \overline{)593} \quad \Rightarrow \quad 21 \overline{)593}$$

확인 $21 \times \boxed{28} = \boxed{588}$, $\boxed{588} + \boxed{5} = 593$

1 27, 32, 115, 112, 3 / 27, 3 / 27, 432, 432, 3

2 16, 47, 312, 282, 30 / 16, 30 / 16, 752, 752, 30

3 15, 17, 89, 85, 4 / 15, 255, 255, 4

4
```
        2 7
  23 ) 6 2 5
        4 6
      ─────
      1 6 5
      1 6 1
      ─────
            4
```
확인 $23 \times 27 = 621$, $621 + 4 = 625$

5

6 ㉠

7 5개

5 $233 \div 18 = 12 \cdots 17$
$217 \div 25 = 8 \cdots 17$
$196 \div 11 = 17 \cdots 9$

6 ㉠ $725 \div 39 = 18 \cdots 23$
㉡ $895 \div 51 = 17 \cdots 28$
➡ $18 > 17$

7 $725 \div 15 = 48 \cdots 5$이므로 포장하고 남은 배는 5개입니다.

1 (1) 400 (2) 20
(3) 400, 20, 8000, 8000

2 (1) 200 (2) 50
(3) 200, 50, 4, 4

1 (1) 398 g을 몇백 g으로 어림하면 약 400 g입니다.
(2) 21개를 몇십개로 어림하면 약 20개입니다.

1 예 300, 30, 9000, 9000

2 500, 40, 500, 40, 20000, 20000

3 400, 50, 400, 50, 20000, 20000

4 (1)
```
         1 0
  30 ) 3 0 0
       3 0 0
      ──────
            0
```
(2)
```
          9
  30 ) 2 7 5
       2 7 0
      ──────
            5
```

5 15 / 300, 15

1 예 • 299는 300에 가까우므로 어림하면 약 300입니다.
• 28은 30에 가까우므로 어림하면 약 30입니다.
➡ $300 \times 30 = 9000$이므로 28일 동안 만든 빵은 약 9000(개)입니다.

2 496은 500에 가까우므로 약 500으로, 38은 40에 가까우므로 약 40으로 어림할 수 있습니다.
➡ $500 \times 40 = 20000$이므로 약 20000으로 어림할 수 있습니다.

3 395는 400에 가까우므로 약 400으로, 47은 50에 가까우므로 약 50으로 어림할 수 있습니다.
➡ $400 \times 50 = 20000$이므로 약 20000으로 어림할 수 있습니다.

4 (1) 275는 약 300이므로 어림셈으로 구한 몫은 $300 \div 30 = 10$입니다.
(2) 275는 300보다 작으므로 실제로 구한 몫은 10보다 작아야 합니다.
➡ $275 \div 30 = 9 \cdots 5$입니다.

5 295보다 큰 300으로 어림하여 어림셈으로 구한 몫이 15이므로 $295 \div 20$의 계산 결과는 15보다 작아야 합니다.

참고
$295 \div 20 = 14 \cdots 15$
실제로 구한 몫은 14입니다.

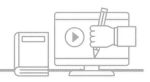

94~97쪽

3-1 40, 60, 80, 100, 120 / 6

3-2 (1) 9 (2) 7

3-3

```
         6
    60) 4 1 4
        3 6 0
          5 4
```
확인 60×6=360, 360+54=414

3-4 4, 3 / 8, 13   **3-5** ㄹ, ㄷ, ㄱ, ㄴ

3-6 300÷50=6, 6개

3-7 8줄, 26권

4-1 5, 80, 7

4-2
(1)
```
         5
    17) 9 3
        8 5
          8
```
확인 17×5=85, 85+8=93

(2)
```
          7
    22) 1 5 4
        1 5 4
            0
```
확인 22×7=154

4-3 ㄹ   **4-4** (선 연결)

4-5 ⑤

4-6 63÷13=4…11, 11개

4-7 8송이, 22 cm

5-1 ㄴ, ㄷ, ㄱ   **5-2** 21, 15

5-3 ㄴ   **6-1** 16, 21, 130, 126, 4

6-2
```
          3 3
    12) 3 9 8
        3 6
          3 8
          3 6
            2
```
확인 12×33=396, 396+2=398

6-3 ㄴ, ㄷ, ㄱ, ㄹ

6-4

÷			
708	22	32	4
641	12	53	5
867	23	37	16

6-5 ②   **6-6** 8개

6-7 555

7-1 약 500, 약 70, 약 35000 / 37008

7-2 20, 600, 20   **7-3** 부족합니다에 ○표

3-2 (1) 630÷70=9 (2) 210÷30=7
　　　 63÷7=9 　　　 21÷3=7

3-4 163÷40=4…3, 733÷90=8…13

3-5 ㄱ 320÷80=4   ㄴ 100÷30=3…10
　　　 ㄷ 350÷70=5   ㄹ 251÷40=6…11

3-6 (상자 수)=300÷50=6(개)

3-7 586÷70=8…26이므로 공책은 8줄로 쌓고 26권
이 남습니다.

4-3 ㄱ 91÷19=4…15   ㄴ 77÷23=3…8
　　　 ㄷ 70÷30=2…10   ㄹ 96÷16=6

4-5 나머지는 43보다 작아야 합니다.

4-4 148÷20=7…8, 137÷38=3…23
135÷40=3…15, 151÷34=4…15
273÷50=5…23, 176÷42=4…8

4-6 63÷13=4…11이므로 13개씩 4봉지에 나누어
담고 남은 11개를 먹었습니다.

4-7 382÷45=8…22이므로
꽃 8송이를 만들 수 있고 22 cm가 남습니다.

5-2 525÷25=21, 525÷35=15

5-3 ㄱ 315÷15=21
　　　 ㄴ 300÷12=25
　　　 ㄷ 399÷21=19

6-4 ・708÷22=32…4
　　　 ・641÷12=53…5
　　　 ・867÷23=37…16

6-5 나누는 수에 10을 곱해 나뉠 수와 비교하여 나뉠 수와 같거나 작은 수를 찾습니다.
① $34 \times 10 = 340 > 286(\times)$
② $12 \times 10 = 120 < 146(\bigcirc)$
③ $57 \times 10 = 570 > 567(\times)$
④ $92 \times 10 = 920 > 690(\times)$
⑤ $45 \times 10 = 450 > 380(\times)$

6-6 $750 \div 85 = 8 \cdots 70$이므로 85 cm짜리 도막은 8개까지 만들 수 있고 70 cm가 남습니다.

6-7 (어떤 수)$\div 27 = 20 \cdots 15$이므로
(어떤 수)$= 27 \times 20 + 15 = 555$입니다.

7-1 514는 약 500, 72는 약 70이므로 어림셈으로 계산하면
$500 \times 70 = 35000$입니다.
실제 값은 $514 \times 72 = 37008$입니다.

7-2 599보다 큰 600으로 어림하여 어림셈으로 구한 값이 20이므로 $599 \div 30$의 계산 결과는 20보다 작아야 합니다.

7-3 204는 200보다 크므로 컵 한 상자에 10개씩 담을 때 필요한 상자는 20개보다 많아야 합니다.

4 단계 실력 팍팍

98~101쪽

1 ⑤　　　　　　　　　**2** 4번
3 (위에서부터) 3075, 7050, 3690, 5875
4 11088
5

①	③	②
298	348	609
× 63	× 42	× 25
894	696	3045
1788	1392	1218
18774	14616	15225

6 예 300보다 크고, 23은 20보다 크므로 / 6000
7 17520 L
8 7, 3, 3, 1, 9, 8

9

$$\begin{array}{r} \boxed{7}\,\boxed{5}\,\boxed{1} \\ \times \quad \boxed{9}\,\boxed{3} \\ \hline 6\,9\,8\,4\,3 \end{array}$$

10 예 구슬이 한 상자에 150개씩 들어 있습니다. 12상자에 들어 있는 구슬은 모두 몇 개인가요? / $150 \times 12 = 1800$, 1800개

11 6에 ○표

12

②	①	③
$\begin{array}{r}7\\80\overline{)594}\\560\\\hline 34\end{array}$	$\begin{array}{r}9\\10\overline{)92}\\90\\\hline 2\end{array}$	$\begin{array}{r}4\\90\overline{)412}\\360\\\hline 52\end{array}$

13 9일　　　　　　　　**14** 577
15 (　　) (　○　) (　　)
16 (1) 6　　　　　　　　(2) 4

17

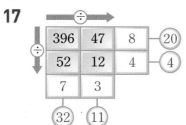

	÷		
396	47	8	20
52	12	4	4
7	3		
32	11		

18 78, 3　　　　　　　　**19** 96
20 ㉡, ㉣, ㉠, ㉢

21

②	③	①
$\begin{array}{r}4\\13\overline{)62}\\52\\\hline 10\end{array}$	$\begin{array}{r}3\\32\overline{)104}\\96\\\hline 8\end{array}$	$\begin{array}{r}2\\28\overline{)68}\\56\\\hline 12\end{array}$

22

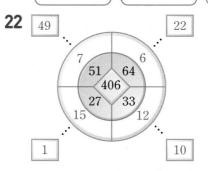

23 57　　　　　　　　**24** 13시간 49분
25 10자루　　　　　　**26** 7, 5, 4, 1, 3, 58
27 예 나뉠 수가 1 작아지면 나머지도 1 작아집니다.
$591 \div 26 = 22 \cdots 19$이므로
$591 - 19 = 572$는 22로 나누어떨어집니다.
따라서 ☐ 안에 알맞은 수는 572입니다.

1 ①, ②, ③, ④: 18000
⑤: 180000

2
0이 3개
$60 \times 500 = 30000$

3 $123 \times 25 = 3075$
$30 \times 235 = 7050$
$123 \times 30 = 3690$
$25 \times 235 = 5875$

4 • 가장 큰 수: 198
• 가장 작은 수: 56
➡ $198 \times 56 = 11088$

5 $18774 > 15225 > 14616$

6 312×23의 계산 결과는 $300 \times 20 = 6000$보다 커야 합니다.

7 24명이 하루에 절약하는 물의 양은
$24 \times 2 = 48(L)$이므로 1년 동안 절약하는 물의 양은 $365 \times 48 = 17520(L)$입니다.

9 가장 큰 숫자 카드인 9와 7이 세 자리 수와 두 자리 수의 앞에 놓여야 하고, 작은 숫자 카드 1과 3이 세 자리 수와 두 자리 수의 일의 자리에 놓여야 합니다.
$953 \times 71 = 67663$, $951 \times 73 = 69423$,
$753 \times 91 = 68523$, $751 \times 93 = 69843$
따라서 가장 큰 곱은 69843입니다.

11 252를 250으로 생각하면 $250 \div 40 = 6 \cdots 10$이므로 몫을 6으로 어림할 수 있습니다.

12 $594 \div 80 = 7 \cdots 34$　　$92 \div 210 = 9 \cdots 2$
$412 \div 90 = 4 \cdots 52$
➡ $9 > 7 > 4$

13 $256 \div 30 = 8 \cdots 16$이므로 8일 동안 읽으면 16쪽이 남습니다. 남은 16쪽도 읽어야 하므로 석기가 위인전을 모두 읽으려면 9일이 걸립니다.

14 540보다 큰 수 중에서 60으로 나누었을 때 나머지가 37이 되는 가장 작은 수는 $540 + 37 = 577$입니다.

15 잘못된 부분을 찾아 바르게 계산하면 다음과 같습니다.

$$\begin{array}{r} 4 \\ 24\overline{)97} \\ \underline{96} \\ 1 \end{array} \qquad \begin{array}{r} 3 \\ 18\overline{)58} \\ \underline{54} \\ 4 \end{array}$$

16 (1) $96 \div 16 = 6$　　(2) $84 \div 21 = 4$

17 • $396 \div 47 = 8 \cdots 20$　• $52 \div 12 = 4 \cdots 4$
• $396 \div 52 = 7 \cdots 32$　• $47 \div 12 = 3 \cdots 11$

18 $936 \div 12 = 78$, $78 \div 26 = 3$

19 확인: $17 \times 5 = 85$, $85 + 11 = 96$
□ 안에 알맞은 수는 96입니다.

20 ㉠ $86 \div 33 = 2 \cdots 20$　　㉡ $72 \div 16 = 4 \cdots 8$
㉢ $60 \div 42 = 1 \cdots 18$　　㉣ $77 \div 24 = 3 \cdots 5$

22 • $406 \div 51 = 7 \cdots 49$　• $406 \div 64 = 6 \cdots 22$
• $406 \div 33 = 12 \cdots 10$　• $406 \div 27 = 15 \cdots 1$

23 나올 수 있는 나머지는 나누는 수인 58보다 작아야 하므로 1부터 57까지의 수입니다.
따라서 나올 수 있는 나머지 중 가장 큰 수는 57입니다.

24 $829 \div 60 = 13 \cdots 49$이므로 13시간 49분이 걸립니다.

25 $365 \div 25 = 14 \cdots 15$이므로 14자루씩 나눠 줄 수 있고, 15자루가 남습니다.
따라서 적어도 $25 - 15 = 10$(자루)의 연필이 더 필요합니다.

26 몫이 가장 크도록 하려면 (가장 큰 세 자리 수)÷(가장 작은 두 자리 수)이어야 합니다.
가장 큰 세 자리 수는 754이고 가장 작은 두 자리 수는 13입니다.

서술 유형 익히기
102~103쪽

1 24, 12000, 30, 3000, 12000, 3000, 15000
/ 15000

1-1 500원짜리 동전의 금액은 $500 \times 35 = 17500$(원)
이고 100원짜리 동전의 금액은
$100 \times 28 = 2800$(원)입니다.
따라서 신영이가 저금한 돈은 모두
$17500 + 2800 = 20300$(원)입니다.
/ 20300원

2
$$\begin{array}{r} 427 \\ \times\ 32 \\ \hline 854 \\ 1281\ \ \\ \hline 13664 \end{array}$$
/ 12810, 왼쪽에 ○표, 12810

2-1
$$\begin{array}{r} 406 \\ \times\ 24 \\ \hline 1624 \\ 812\ \ \\ \hline 9744 \end{array}$$
/ $406 \times 20 = 8120$이므로 812를 왼쪽으로 한
칸 옮겨 쓰거나 8120이라고 써야 합니다.

3 20, 나머지, 6, 4, 4 / 4

3-1 짝을 짓지 못한 학생의 수는 328을 15로 나누었
을때 생기는 몫과 나머지 중에서 나머지입니다.
따라서 $328 \div 15 = 21 \cdots 13$이므로 짝을 짓지 못
한 학생은 13명입니다.
/ 13명

4 14, 14, 2, 2, 29

4-1 풀이 참조

4-1 나머지 69는 나누는 수인 23보다 크기 때문에 더
나눌 수 있습니다.
$69 \div 23 = 3$이기 때문에 $805 \div 23$의 몫은
$32 + 3 = 35$입니다.

단원 평가
104~107쪽

1 18900   **2** 3개

3 (1) 3280   (2) 3000

4 예 100, 20, 2000, 2000

5
$$\begin{array}{r} 9 \\ 60\overline{)568} \\ 540 \\ \hline 28 \end{array}$$
확인 $60 \times 9 = 540,\ 540 + 28 = 568$

6 ⑤

7
$$\begin{array}{r} 569 \\ \times\ 81 \\ \hline 569 \\ 4552\ \ \\ \hline 46089 \end{array}$$

8 (위에서부터) 32, 4, 16, 2

9 672, 42

10 (선으로 연결)

11 (1) >   (2) <

12 ④   **13** 962

14 ④, ⑤   **15** ㉠, ㉣, ㉡, ㉢

16 33000원   **17** 31025일

18 7개   **19** 10개, 57 cm

20 9개   **21** 25, 4

22 풀이 참조   **23** 풀이 참조, 1440자루

24 풀이 참조, 704

25 풀이 참조, 몫 : 40, 나머지 : 15

1 315×60은 315×6의 값에 0을 1개 붙입니다.

2
$$800 \times 50 = 40000$$
$$8 \times 5 = 40$$

3 (1)
$$\begin{array}{r} 205 \\ \times\ 16 \\ \hline 1230 \\ 205\ \ \\ \hline 3280 \end{array}$$
(2)
$$\begin{array}{r} 125 \\ \times\ 24 \\ \hline 500 \\ 250\ \ \\ \hline 3000 \end{array}$$

4 · 105를 몇백으로 어림하면 약 100입니다.
· 18을 몇십으로 어림하면 약 20입니다.
➡ $100 \times 20 = 2000$이므로 전체 지우개는 약 2000
개입니다.

5 (나누는 수)×(몫)+(나머지)=(나눌 수)

6 ①, ②, ③, ④: 12000
⑤: 1200

7 569×80=45520인데 자리를 잘못 맞추어 계산했습니다.

8 ・960÷30=32　　・60÷15=4
・960÷60=16　　・30÷15=2

9 112×6=672, 672÷16=42

10 ・87÷29=3
・90÷18=5
・80÷40=2

11 (1) 283×30=8490, 20×400=8000
(2) 403×36=14508, 598×26=15548

12 ① 291×40=11640　　② 365×25=9125
③ 425×20=8500　　④ 571×12=6852
⑤ 393×30=11790

13 확인: 47×20=940, 940+22=962
□ 안에 알맞은 수는 962입니다.

14 ① 72÷20=3…12　　② 495÷54=9…9
③ 273÷46=5…43　　④ 795÷31=25…20
⑤ 308÷29=10…18

15 ㉠ 355÷13=27 … 4　　㉡ 499÷26=19 … 5
㉢ 561÷31=18 … 3　　㉣ 586÷25=23 … 11

16 (이익금)=825×40
=33000(원)

17 (어제까지 사신 날수)=365×85
=31025(일)

18 (가로등 수)=420÷60
=7(개)

19 907÷85=10…57이므로 10개의 도막을 만들 수 있고 57 cm가 남습니다.

20 376÷40=9 … 16이므로 쿠키를 9개까지 만들고 밀가루 16 g이 남습니다.

21 (어떤 수)÷53=17 … 28
53×17=901, 901+28=929이므로 어떤 수는 929입니다.
따라서 929÷37=25 … 4이므로 몫은 25이고 나머지는 4입니다.

서술형

22 0이 아닌 수끼리 곱하고, 그 곱의 결과에 곱하는 두 수의 0의 개수만큼 0을 붙여 계산해야 합니다.
따라서 바르게 계산하면 400×50=20000입니다.

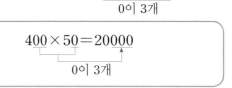

23 한 상자에 든 연필 수는 (12×120)자루입니다.
따라서 한 상자에 들어 있는 연필 수는
12×120=1440(자루)입니다.

24 (어떤 수)÷85=8 … 24이므로
(어떤 수)=85×8+24=704입니다.

25 몫을 가장 크게 하려면 (가장 큰 세 자리 수)÷(가장 작은 두 자리 수)이어야 합니다. 숫자 카드로 만들 수 있는 가장 큰 세 자리 수는 975이고 가장 작은 두 자리 수는 24이므로 975÷24=40 … 15입니다.
따라서 몫은 40이고 나머지는 15입니다.

1 (1) 2756, 2970, 3192   (2) 54쪽, 55쪽

2 46살, 42살

3 102, 52

• 8, 96, 2

• $14 \times 9 = 126$, 9, 126, 4

---

1 두 수의 차는 1입니다.

$50 \times 50 = 2500$이고 $60 \times 60 = 3600$이므로 두 쪽 수는 50보다 크고 60보다 작습니다.

2 $40 \times 40 = 1600$이고 $50 \times 50 = 2500$이므로 부모님 나이는 모두 40대입니다.

아버지의 나이(살)	44	45	46	47
어머니의 나이(살)	40	41	42	43
두 수의 곱	1760	1845	1932	2021

➡ 아버지의 나이는 46살, 어머니의 나이는 42살입니다.

3

큰 수	100	101	102	103
작은 수	50	51	52	53
두 수의 곱	5000	5151	5304	5459

➡ 큰 수는 102이고, 작은 수는 52입니다.

• $12 \times 8 = 96$ ➡

$$12 \overline{\smash{)}98} $$
$$\underline{96}$$
$$2$$

(몫 8)

• $14 \times 9 = 126$ ➡

$$14 \overline{\smash{)}130} $$
$$\underline{126}$$
$$4$$

(몫 9)

1단계 개념 탄탄　112쪽

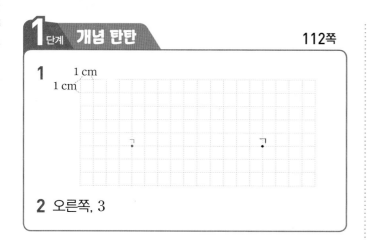

2 오른쪽, 3

2단계 핵심 쏙쏙　113쪽

1

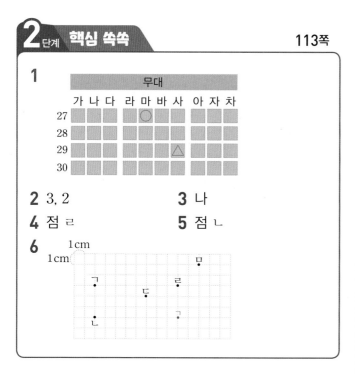

	무대									
	가	나	다	라	마	바	사	아	자	차

2 3, 2　　　　**3** 나
4 점 ㄹ　　　**5** 점 ㄴ
6

1 27의 가로줄과 마의 세로줄이 만나는 자리에 ○표, 29의 가로줄과 사의 세로줄이 만나는 자리에 △표 합니다.

2 28의 다 자리로부터 오른쪽으로 3칸, 아래쪽으로 2 칸 움직이면 30의 바 자리입니다.

3 ●의 위치로부터 아래쪽으로 2칸, 오른쪽으로 2칸 움직인 위치에 ★이 표시된 것은 나입니다.

4 점 ㄱ을 오른쪽으로 8 cm 이동한 점을 찾으면 점 ㄹ입니다.

5 점 ㄱ을 아래쪽으로 3 cm 이동한 점을 찾으면 점 ㄴ입니다.

6 모눈 한 칸이 1 cm이므로 오른쪽으로 8칸, 아래쪽 으로 3칸 이동하였을 때의 점 ㄱ을 나타냅니다.

1단계 개념 탄탄　114쪽

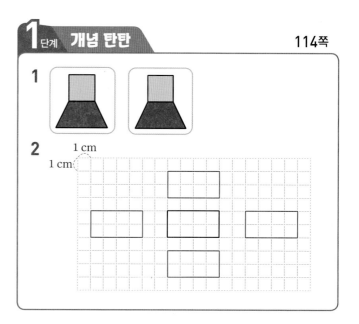

1 모양 조각을 밀면 모양은 변화가 없지만 위치는 바뀝 니다.

2단계 핵심 쏙쏙　115쪽

1 ㉡　　　　　**2** 모양

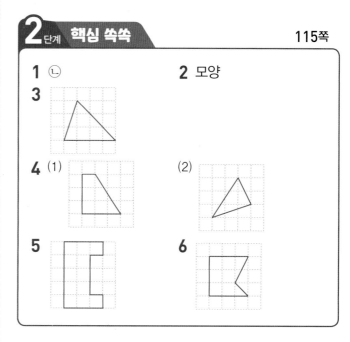

3 주어진 삼각형의 각각의 꼭짓점의 위치를 정확하게 찾아 점을 찍은 후 꼭짓점을 연결하여 자를 대고 그립니다.

1단계 개념 탄탄   116쪽

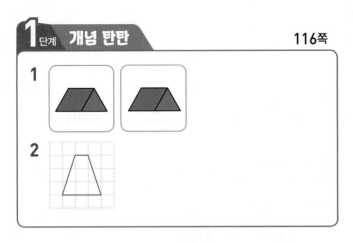

2 도형을 위쪽이나 아래쪽으로 뒤집으면 도형의 위쪽
과 아래쪽이 바뀝니다.

2단계 핵심 쏙쏙   117쪽

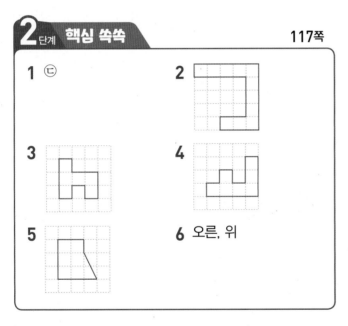

1 ㉢

6 오른, 위

3 도형을 왼쪽으로 뒤집으면 오른쪽이 왼쪽으로, 왼쪽
이 오른쪽으로 바뀝니다.

1단계 개념 탄탄   118쪽

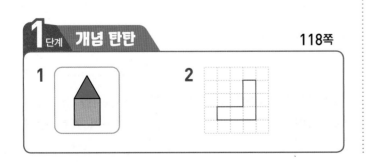

2단계 핵심 쏙쏙   119쪽

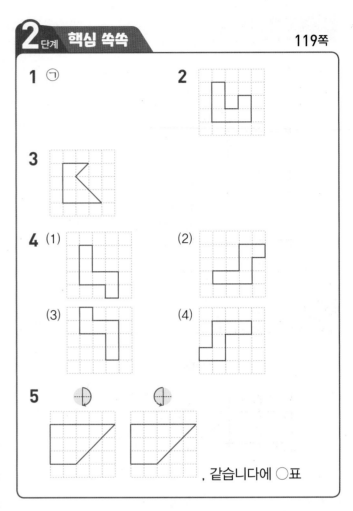

, 같습니다에 ○표

2 오른쪽으로 직각의 2배만큼 돌린 모양입니다.

3 시계 방향으로 360°만큼 돌린 모양은 처음 도형과
모양이 같습니다.

1단계 개념 탄탄   120쪽

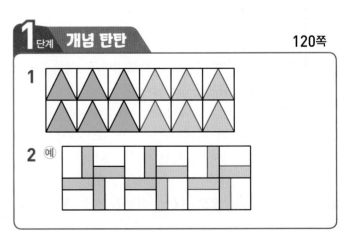

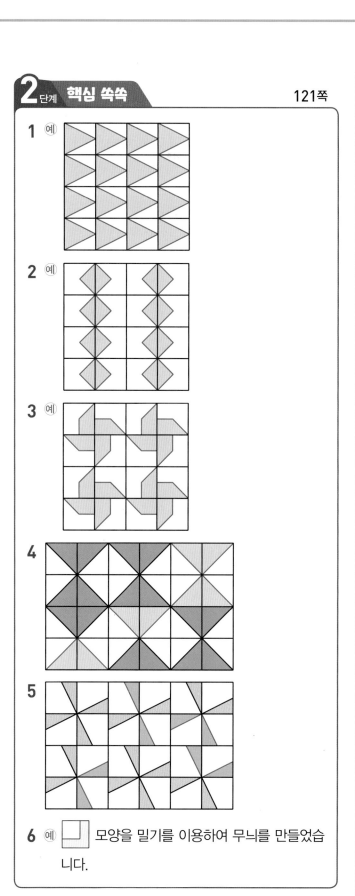

1 예

2 예

3 예

4

5

6 예 ▱ 모양을 밀기를 이용하여 무늬를 만들었습니다.

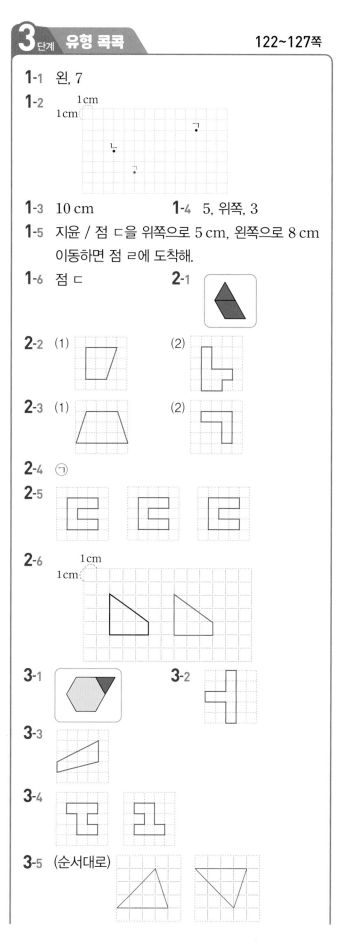

1-1   왼, 7

1-2

1-3   10 cm   **1**-4   5, 위쪽, 3

1-5   지윤 / 점 ㄷ을 위쪽으로 5 cm, 왼쪽으로 8 cm 이동하면 점 ㄹ에 도착해.

1-6   점 ㄷ   **2**-1

2-2   (1)   (2)

2-3   (1)   (2)

2-4   ㉠

2-5

2-6

3-1   **3**-2

3-3

3-4

3-5   (순서대로)

3-6 ⑤   **3-7** ㉡, ㉢

3-8
, 같습니다에 ○표

3-9

4-1

4-2

4-3

4-4 (1) ㉠   (2) ㉢

4-5

4-6

4-7 (1)
(2)

(3) 같습니다.

4-8

4-9

5-1 예

5-2 예

5-3 예

5-4

5-5 예

5-6 예

5-7 예
모양을 아래로 뒤집어서 무늬를 만들고 그 모양을 오른쪽으로 밀어서 무늬를 만들었습니다.

1-1 점 ㄱ을 왼쪽으로 7칸 이동해야 합니다.

1-2 모눈 한 칸이 1 cm이므로 아래쪽으로 4칸, 왼쪽으로 6칸 이동하였을 때 점 ㄱ을 나타냅니다.

1-3 오른쪽으로 8 cm, 위쪽으로 2 cm를 이동해야 하므로 적어도 8+2=10 (cm)를 이동해야 합니다.

1-4 점 ㄱ이 오른쪽으로 5 cm, 위쪽으로 3 cm 이동하면 점 ㄴ에 도착합니다.

1-6 점 ㄴ: 5+3=8 (cm), 점 ㄷ: 10+1=11 (cm)
점 ㄹ: 2+4=6 (cm), 점 ㅁ: 1+5=6 (cm)

2-3 도형을 어느 방향으로 밀어도 도형의 모양은 변하지 않습니다.

2-4 ㉠ 도형을 밀면 위치가 변합니다.

2-5 주어진 도형에서 모양이 변하지 않고 화살표 순서대로 오른쪽, 아래쪽, 왼쪽으로 도형의 위치만 변합니다.

2-6 모눈 한 칸이 1 cm이므로 오른쪽으로 6칸 밀었을 때의 도형을 그립니다.

3-3 도형을 위쪽이나 아래쪽으로 뒤집으면 도형의 위쪽은 아래쪽으로 아래쪽은 위쪽으로 바뀝니다.

3-6 왼쪽으로 뒤집었을 때 숫자의 왼쪽은 오른쪽으로, 오른쪽은 왼쪽으로 바뀝니다.

3-8

3-9 주어진 도형을 위쪽으로 뒤집으면 처음 도형이 됩니다.

4-2 도형을 시계 반대 방향으로 90°만큼 돌리면 위쪽 → 왼쪽, 왼쪽 → 아래쪽, 아래쪽 → 오른쪽, 오른쪽 → 위쪽으로 바뀝니다.

4-3 시계 반대 방향으로 270°만큼 돌렸을 때의 모양은 시계 방향으로 90°만큼 돌렸을 때의 모양과 같습니다.

4-6 도형의 방향이 위쪽 → 왼쪽, 왼쪽 → 아래쪽, 아래쪽 → 오른쪽, 오른쪽 → 위쪽으로 바뀌었으므로 시계 반대 방향으로 90°만큼 돌린 것입니다.

4-8 오른쪽 모양을 시계 반대 방향으로 90°만큼 돌리면 처음 도형이 됩니다.

4-9 오른쪽 모양을 시계 방향으로 180°만큼 돌리면 처음 도형과 모양이 같아집니다.

4단계 실력 팍팍

128~131쪽

1 점 ㄷ

2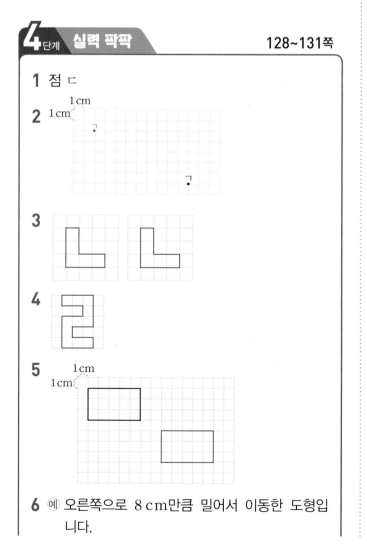

3

4

5

6 ㉺ 오른쪽으로 8 cm만큼 밀어서 이동한 도형입니다.

7

8 (순서대로)

9 H

10 ㉢

11

12 ㉡

13 ㉡, ㉢

14 ③

15

16 ②

17 ⑴ 다 ⑵ 180°

18 ㉺ 시계 방향으로 180°만큼 (또는 시계 반대 방향으로 180°만큼)

19

20 ⑴ 92 ⑵ 66

21

22

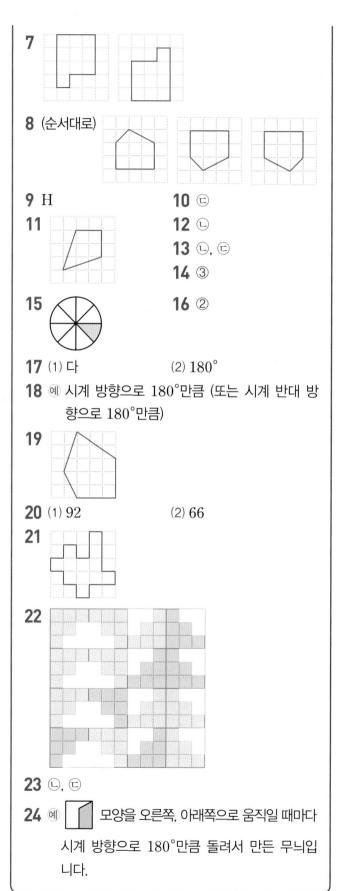

23 ㉡, ㉢

24 ㉺ [모양] 모양을 오른쪽, 아래쪽으로 움직일 때마다 시계 방향으로 180°만큼 돌려서 만든 무늬입니다.

1 점 ㄱ을 아래쪽으로 3 cm, 오른쪽으로 8 cm 이동한 점을 찾으면 점 ㄷ입니다.

2 모눈 한 칸이 1 cm이므로 왼쪽으로 5칸, 왼쪽으로 9칸 이동하였을 때의 점 ㄱ을 나타냅니다.

7 도형을 위쪽이나 아래쪽으로 뒤집은 모양은 도형의 위쪽 부분과 아래쪽 부분이, 왼쪽이나 오른쪽으로 뒤집은 모양은 도형의 왼쪽 부분과 오른쪽 부분이 바뀌도록 그립니다.

9

C	C
D	D
H	H

10 ㉢ 도형을 위쪽으로 한 번 뒤집으면 위쪽은 아래쪽으로, 아래쪽은 위쪽으로 바뀝니다.

11 아래쪽으로 뒤집었을 때의 모양을 위쪽으로 뒤집으면 처음 도형이 됩니다.

12 도형을 같은 방향으로 2번, 4번, 6번 뒤집은 모양은 처음 도형과 모양이 같습니다.

14 ③ ◪ 모양은 ◹ 모양을 위쪽 또는 아래쪽으로 뒤집었을 때의 모양입니다.

16

	①	②	③	④	⑤
⟳	◹	□	▷	◹	⌐
⟲	◺	□	◁	◿	⌐

19 오른쪽 모양을 시계 반대 방향으로 270°만큼 돌리면 처음 도형이 완성됩니다.

20 (1) 26 ▷ 92

(2) 92 − 26 = 66

21 시계 방향으로 90°만큼 4번 돌린 모양은 처음 모양과 같습니다.

📝 **서술 유형 익히기**   132~133쪽

1 6, 2

1-1 점 ㄱ을 오른쪽으로 9 cm, 아래쪽으로 3 cm 이동했습니다.
또는 점 ㄱ을 아래쪽으로 3 cm, 오른쪽으로 9 cm 이동했습니다.

2 5, 2, 5, 2, 7 / 7

2-1 주어진 수를 아래쪽으로 2번 뒤집었을 때 나오는 수는 6이고, 시계 반대 방향으로 180°만큼 돌렸을 때 나오는 수는 9입니다.
따라서 나오는 두 수를 더하면 6+9=15입니다.
/ 15

3 96, 96, 96 / 96

3-1 풀이 참조, 21

4 90, 밀어서에 ○표

4-1 예
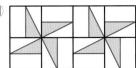
, 풀이 참조

3-1 숫자 카드로 만든 가장 작은 두 자리 수는 12입니다. 만든 가장 작은 두 자리 수인 12를 시계 반대 방향으로 180°만큼 돌리면 21이 됩니다.

4-1 예 ◪ 모양을 시계 방향으로 90°만큼 돌리는 것을 반복하여 모양을 만들고, 그 모양을 오른쪽으로 밀어서 무늬를 만들었습니다.

134~137쪽

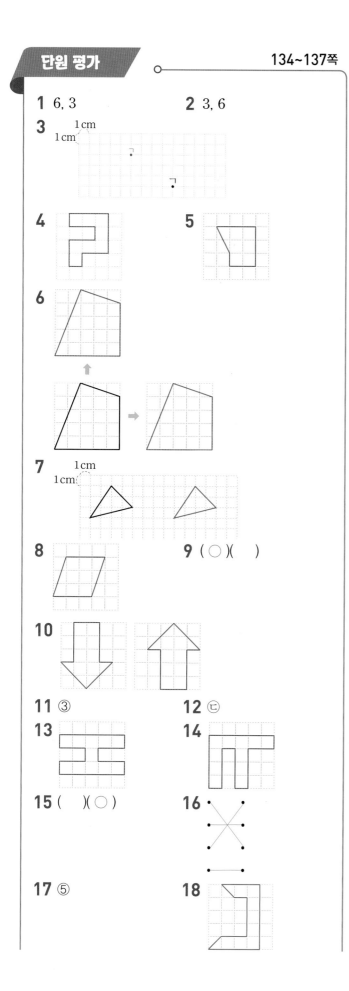

1 6, 3

2 3, 6

3

4

5

6

7

8

9 (○)( )

10

11 ③

12 ㉢

13

14

15 ( )(○)

16

17 ⑤

18

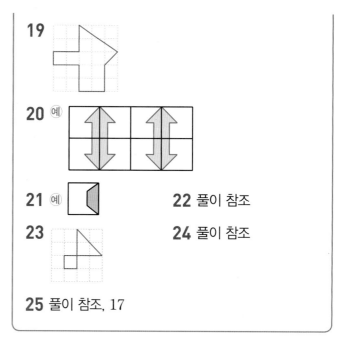

19

20 예

21 예 **22** 풀이 참조

23 **24** 풀이 참조

25 풀이 참조, 17

1 점 ㄱ을 왼쪽으로 6 cm, 아래쪽으로 3 cm 이동했습니다.

2 점 ㄱ을 아래쪽으로 3 cm, 왼쪽으로 6 cm 이동했습니다.

4 도형을 왼쪽으로 밀어도 모양과 크기는 변하지 않습니다.

5 도형을 오른쪽으로 밀어도 모양은 변하지 않습니다.

6 도형을 어느 방향으로 밀어도 모양은 변하지 않습니다.

8 도형을 오른쪽으로 뒤집으면 도형의 오른쪽과 왼쪽이 바뀝니다.

10 왼쪽으로 뒤집으면 도형의 왼쪽과 오른쪽이 서로 바뀌고, 아래쪽으로 뒤집으면 도형의 위쪽과 아래쪽이 서로 바뀝니다.

11 ③

12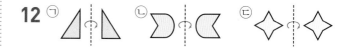

14 시계 방향으로 270°만큼 돌린 모양은 시계 반대 방향으로 90°만큼 돌린 모양과 같습니다.

17 왼쪽 도형을 시계 방향으로 90°만큼 또는 시계 반대 방향으로 270°만큼 돌리면 오른쪽 모양이 됩니다.

18 시계 방향으로 180°만큼 3번 돌린 모양은 시계 방향으로 180°만큼 1번 돌린 모양과 같습니다.

19 오른쪽 모양을 시계 방향으로 90°만큼 돌리면 처음 도형이 됩니다.

서술형

22 예 가 조각은 아래쪽으로 3 cm, 나 조각은 오른쪽으로 5 cm, 다 조각은 왼쪽으로 3 cm 밀어야 합니다.

23 도형을 오른쪽으로 뒤집는 규칙입니다. 모양이 2개씩 반복되므로 8째에 알맞은 도형은 둘째 도형과 같습니다.

24 예 [방법 1] '운'을 시계 방향으로 180°만큼 돌리면 '공'이라는 글자로 바뀝니다.
　 예 [방법 2] '운'을 시계 반대 방향으로 180°만큼 돌리면 '공'이라는 글자로 바뀝니다.

25 69를 시계 방향으로 180°만큼 돌렸을 때 나오는 수는 69이고, 25를 시계 방향으로 180°만큼 돌렸을 때 나오는 수는 52입니다.
따라서 나오는 두 수의 차는 69-52=17입니다.

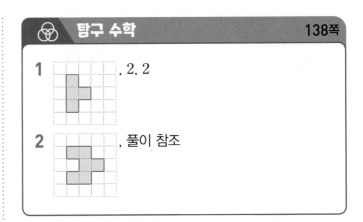

1   , 2, 2

2   , 풀이 참조

2 예 조각을 시계 방향으로 90°만큼 5번 돌린 모양은 시계 방향으로 90°만큼 1번 돌린 모양과 같습니다.
따라서 조각 ⓒ을 시계 반대 방향으로 90°만큼 1번 돌리면 처음 놓여 있던 모양을 완성할 수 있습니다.

1단계 개념 탄탄   142쪽

> **1** (1) 좋아하는 계절별 학생 수
>
>   (2) 막대그래프

1 (2) 막대그래프는 여러 항목의 수량을 한눈에 비교하기 쉽습니다.

2단계 핵심 쏙쏙   143쪽

> **1** 막대그래프   **2** 사탕, 학생 수
>
> **3** 학생 수   **4** 1명
>
> **5** 학생 수, 동물   **6** 1명
>
> **7** 표   **8** 막대그래프

4 세로 눈금 5칸이 5명을 나타내므로 세로 눈금 한 칸은 1명을 나타냅니다.

6 가로 눈금 5칸이 5명을 나타내므로 가로 눈금 한 칸은 1명을 나타냅니다.

1단계 개념 탄탄   144쪽

> **1** (1) 선물, 학생 수   (2) 휴대전화
>
>   (3) 19명

1 (2) 막대그래프에서 막대의 길이가 가장 긴 것은 휴대전화입니다.

    (3) 세로 눈금 한 칸의 크기는 1명입니다.

    ➡ 운동화는 19칸이므로 19명입니다.

2단계 핵심 쏙쏙   145쪽

> **1** 반, 여학생 수   **2** 2반
>
> **3** 3반
>
> **4** 아니요.
>
>   예 위 그래프는 반별 여학생 수를 나타낸 것으로 각 반의 학생 수는 알 수 없기 때문입니다.
>
> **5** 배추김치   **6** 열무김치
>
> **7** 동치미
>
> **8** 예 가장 많은 학생이 좋아하는 김치부터 차례대로 써 보세요. / 배추김치, 열무김치, 깍두기, 동치미

2 막대그래프에서 막대의 길이가 가장 긴 것을 찾으면 2반입니다.

3 막대그래프에서 막대의 길이가 가장 짧은 것을 찾으면 3반입니다.

6 막대그래프에서 막대의 길이가 둘째로 긴 것을 찾으면 열무김치입니다.

7 좋아하는 학생 수가 10명보다 적은 김치는 학생 수가 8명인 동치미입니다.

1단계 개념 탄탄   146쪽

> **1** (1) 과일, 학생 수   (2) 8명
>
>   (3)
>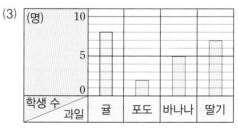

2단계 핵심 쏙쏙   147쪽

1 (왼쪽에서부터) 6, 5, 6, 25

2

3
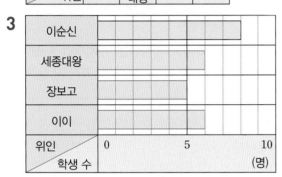

4 1명   **5** 22명

6
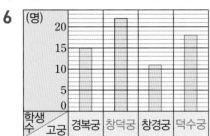

7

4 조사한 항목별 학생 수의 차가 크지 않으므로 눈금 한 칸은 1명으로 하는 것이 좋습니다.

5 학생 수가 가장 많은 22명까지 나타낼 수 있어야 합니다.

1단계 개념 탄탄   148쪽

1 (1) 11초   (2) 한별
   (3) 동민, 웅이   (4) 한별

1 (2) 막대의 길이가 가장 짧은 것을 찾습니다.

2단계 핵심 쏙쏙   149쪽

1 14명   **2** 10명

3 알 수 없습니다.

4 ㉔ • 가장 많은 학생이 참여하는 방과 후 교실은 놀이수학입니다.
    • 영어회화에 참여하는 학생은 컴퓨터에 참여하는 학생보다 4명 더 많습니다.

5 2대   **6** 72대

7 18대

8 ㉔ • 승용차 수가 가장 많은 마을은 꽃님 마을입니다.
    • 승용차 수가 가장 적은 마을은 해님 마을입니다.

2 놀이수학: 18명, 바이올린: 8명
   ➡ 18−8=10(명)

> **다른 풀이**
> 놀이수학을 하는 학생은 바이올린을 하는 학생보다 세로 눈금이 5칸 더 많으므로 10명 더 많습니다.

7 꽃님 마을: 80대, 해님 마을: 62대
   ➡ 80−62=18(대)

3단계 유형 콕콕   150~153쪽

1-1 2명

1-2 ㉔ 좋아하는 색깔별 학생 수를 나타내었습니다.

1-3 막대그래프

1-4 ㉔ 마을별 배 생산량을 나타낸 것입니다.

1-5 ㉔ 배 생산량을 그림그래프는 배 그림의 크기로 나타내었고, 막대그래프는 막대의 길이로 나타내었습니다.

2-1 내과   **2-2** 안과, 4개

2-3 4개

2-4 라면, 튀김, 만두, 김밥

2-5 2배 　　　　　**2-6** ③

2-7 (1) 첼로 　　　　(2) 23대

2-8 12명

3-1

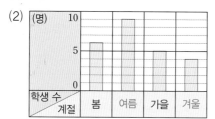

3-2

운동＼학생 수			
축구			
농구			
탁구			
야구			

（단위: 0, 5, 10 (명)）

3-3 (1) 24

(2)

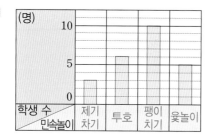

3-4 8.

혈액형별 학생 수

혈액형＼학생 수			
A형			
B형			
O형			
AB형			

（단위: 0, 5, 10 (명)）

4-1

(명) 10 / 5 / 0
학생 수＼민속놀이 : 제기차기, 투호, 팽이치기, 윷놀이

4-2 ⑩ · 가장 많은 학생이 좋아하는 민속놀이는 팽이치기입니다.

· 가장 적은 학생이 좋아하는 민속놀이는 제기차기입니다.

4-3 팽이치기

1-1 세로 눈금 5칸이 10명을 나타내므로 세로 눈금 한 칸은 2명을 나타냅니다.

1-3 표는 항목별 수나 합계를 알아보기 편리하고, 막대그래프는 항목별 크기를 한눈에 쉽게 비교할 수 있습니다.

2-1 막대그래프에서 막대의 길이가 가장 긴 것은 내과입니다.

2-2 막대그래프에서 막대의 길이가 가장 짧은 것은 안과입니다.

2-3 $8-4=4$(개)

2-5 튀김을 좋아하는 학생 수: 24명
김밥을 좋아하는 학생 수: 12명
➡ $24 \div 12 = 2$(배)

2-7 (1) 기타는 8대이므로 악기 수가 기타의 절반인 악기는 $8 \div 2 = 4$(대)인 첼로입니다.

(2) 피아노: 6대, 기타: 8대,
바이올린: 5대, 첼로: 4대
➡ 악기 수는 모두 $6+8+5+4=23$(대)입니다.

2-8 가로 눈금 한 칸은 신입생 2명을 나타냅니다.
신입생 수가 가장 많은 마을은 48명인 백합 마을이고, 가장 적은 마을은 36명인 장미 마을입니다.
➡ 신입생 수의 차는 $48-36=12$(명)입니다.

3-2 가로 눈금 한 칸을 1명으로 하여 막대를 그립니다.

3-3 (1) $6+9+5+4=24$(명)

3-4 혈액형이 O형인 학생은 $24-7-5-4=8$(명)입니다.

4-1 민속놀이별 학생 수에 맞게 막대를 그립니다.

4-3 가장 많은 학생이 좋아하는 민속놀이는 팽이치기이므로 체육 시간에 민속놀이를 한다면 팽이치기를 하는 것이 좋을 것 같습니다.

4단계 실력 팍팍   154~157쪽

1 원숭이, 사슴, 사자, 호랑이

2 표

3 ㉠ 동물원에 가장 많이 있는 동물 또는 가장 적게 있는 동물을 한눈에 알아보기 편리합니다.

4 2명   **5** 10명

6
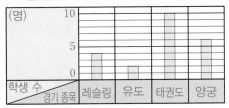
좋아하는 경기 종목

7 태권도, 양궁, 레슬링, 유도

8 4명   **9** 32, 20, 16, 28, 96

10 8명   **11** 2배

12 10분   **13** 지혜

14 효근   **15** 효근, 지혜, 가영, 동민

16 9칸

17
(그루)

| 나무 수 / 과일 나무 | 사과 | 배 | 감 | 복숭아 |

18

| 과일 나무 / 나무 수 | 사과 | 배 | 감 | 복숭아 |

19

| 과일 나무 / 나무 수 | 복숭아 | 배 | 감 | 사과 |

20 4명, 9명

21
(명)

| 학생 수 / 계절 | 봄 | 여름 | 가을 | 겨울 |

22 인사동   **23** 창경궁

24 인사동
㉠ 사촌 형은 남자이므로 남자들이 가장 가 보고 싶어 하는 인사동을 가면 가장 좋을 것 같습니다.

25 2명, 3명, 4명, 1명

26 O형   **27** AB형

28 O형

---

1 막대의 길이가 가장 긴 것부터 차례대로 쓰면 원숭이, 사슴, 사자, 호랑이입니다.

2 표는 자료 수의 합계를 한눈에 알아보기 쉽습니다.

3 막대그래프는 막대의 길이를 비교하여 자료의 많고 적음을 한눈에 알기 쉽습니다.

4 $22-4-10-6=2$(명)

5 학생 수가 가장 많은 10명까지 나타낼 수 있어야 합니다.

7 막대의 길이가 가장 긴 것부터 차례대로 씁니다.

8 세로 눈금 5칸이 20명을 나타내므로 세로 눈금 한 칸은 $20÷5=4$(명)을 나타냅니다.

9 $32+20+16+28=96$(명)

10 $28-20=8$(명)

11 $32÷16=2$(배)

12 가로 눈금 6칸이 60분을 나타내므로 가로 눈금 한 칸은 $60÷6=10$(분)을 나타냅니다.

13 가영이보다 막대의 길이가 2칸 더 긴 사람은 지혜이 므로 지혜가 가영이보다 수학 공부를 20분 더 많이 했습니다.

14 막대의 길이가 동민이의 3배인 학생은 효근입니다.

15 막대의 길이가 가장 긴 사람부터 차례대로 이름을 씁 니다.

16 사과나무는 18그루이므로 $18 \div 2 = 9$(칸)을 차지합 니다.

20 여름을 좋아하는 학생 수)$= 6 - 2 = 4$(명) (가을을 좋아하는 학생 수)$= 24 - 6 - 4 - 5 = 9$(명)

22 남자를 나타내는 막대 중에서 길이가 가장 긴 것을 찾으면 인사동입니다.

23 여자를 나타내는 막대 중에서 길이가 가장 긴 것을 찾으면 창경궁입니다.

25 남학생과 여학생의 막대의 길이의 차를 비교하면 A형은 2칸, B형은 3칸, O형은 4칸, AB형은 1칸입니다.

28 A형: $8 + 10 = 18$(명)
B형: $10 + 7 = 17$(명)
O형: $12 + 8 = 20$(명)
AB형: $6 + 7 = 13$(명)
➡ 가장 많은 혈액형은 O형입니다.

📝 **서술 유형 익히기** 158~159쪽

1 걸, 개, 도, 윷, 모, 도 / 도
1-1 풀이 참조, 반달 마을
2 7, 2, 7, 2, 5 / 5
2-1 풀이 참조, 2개

3 4, 2, 4, 2, 2 / 2
3-1 풀이 참조, 3배
4 사회, 사회 / 사회
4-1 풀이 참조, 과학

1-1 소나무 수가 가장 많은 마을부터 차례대로 쓰면 바다, 반달, 은하, 하늘, 구름입니다.
따라서 소나무 수가 두 번째로 많은 마을은 반달 마을입니다.

2-1 100원짜리 동전은 8개이고, 10원짜리 동전은 6개입니다.
따라서 100원짜리 동전은 10원짜리 동전보다 $8 - 6 = 2$(개) 더 많습니다.

3-1 사과를 좋아하는 학생 수는 18명, 포도를 좋아하는 학생 수는 6명입니다. 따라서 사과를 좋아하는 학생 수는 포도를 좋아하는 학생 수의 $18 \div 6 = 3$(배)입니다.

4-1 예 성적이 가장 낮은 과목은 과학입니다.
따라서 성적이 가장 낮은 과학을 더 열심히 공부해야 합니다.

단원 평가 160~163쪽

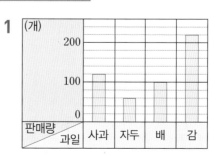

2 과일, 판매량   **3** 20개
4 감, 사과, 배, 자두   **5** 1명
6 10명

5. 막대그래프 ◆ **43**

7

(명)				
학생 수 / 나라	중국	미국	호주	기타

8 중국　　　　　　　**9** 80분

10

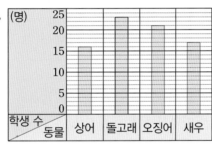

학생 / 시간	가영
	영수
	동민
	석기
	예슬

11 시간, 학생　　　　**12** 10분

13 동민, 석기, 가영, 영수, 예슬

14 국어, 5명　　　　**15** 3배

16 17명

17 23, 17,

(명)				
학생 수 / 동물	상어	돌고래	오징어	새우

18 돌고래, 6명

19 돌고래, 오징어, 새우, 상어

20 12일　　　　　**21** 18일

22 풀이 참조　　　**23** 풀이 참조

24 풀이 참조, 35명　**25** 풀이 참조, 아니요

3 세로의 작은 눈금 5칸이 100개이므로 세로의 작은 눈금 한 칸은 $100 \div 5 = 20$(개)를 나타냅니다.

4 막대의 길이가 가장 긴 것부터 차례대로 씁니다.

5 조사한 항목별 학생 수의 차가 크지 않으므로 눈금 한 칸을 1명으로 하는 것이 좋습니다.

6 학생 수가 가장 많은 10명까지 나타낼 수 있어야 합니다.

8 막대그래프에서 막대의 길이가 가장 긴 것은 중국입니다.

9 $270 - 50 - 40 - 70 - 30 = 80$(분)

12 가로의 작은 눈금 5칸이 50분이므로 가로의 작은 눈금 한 칸은 $50 \div 5 = 10$(분)을 나타냅니다.

13 막대의 길이가 가장 긴 것부터 차례대로 씁니다.

14 막대그래프에서 막대의 길이가 둘째로 짧은 것은 국어이고 5명입니다.

15 • 수학을 좋아하는 학생 수: 9명
　　• 체육을 좋아하는 학생 수: 3명
　　➡ $9 \div 3 = 3$(배)

16 돌고래를 좋아하는 학생은 23명이므로 새우를 좋아하는 학생은 $77 - 16 - 23 - 21 = 17$(명)입니다.

18 돌고래를 좋아하는 학생은 23명이고 새우를 좋아하는 학생은 17명이므로 돌고래를 좋아하는 학생이 $23 - 17 = 6$(명) 더 많습니다.

19 막대그래프에서 막대의 길이를 보면 한눈에 알 수 있습니다.

20 6월 중 비가 온 날수는 12일입니다.

21 6월은 30일까지 있으므로 6월 중 비가 오지 않은 날수는 $30 - 12 = 18$(일)입니다.

서술형

22 예 막대그래프는 어느 회사에서 하루 동안 팔린 자동차 수가 가장 많은지 한눈에 알아볼 수 있어 편리합니다.

23 예 • 예슬이가 한 달 동안 가장 많이 한 운동은 달리기입니다.

   • 예슬이가 한 달 동안 가장 적게 한 운동은 걷기입니다.

24 세로 눈금 한 칸의 크기는 1명이므로 장래 희망으로 연예인은 7명, 선생님은 9명, 의사는 4명, 운동 선수는 10명, 기타는 5명입니다. 따라서 가영이네 마을 학생은 모두 7＋9＋4＋10＋5＝35(명)입니다.

25 예 기타는 한 가지 직업을 나타내는 것이 아니고 수가 적은 여러 가지 장래 희망을 모은 것으로 의사보다 더 적은 장래 희망이 있을 수 있습니다.

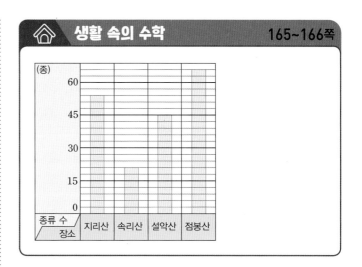

1 (1) 가영이의 기록

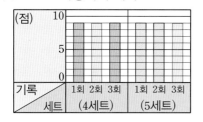

지혜의 기록

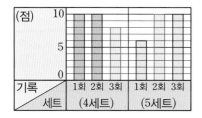

(2) 예 두 선수는 5세트까지 승부가 가려지지 않았으므로 한 발씩 쏴 중앙에 가장 근접한 사람이 대표 선수가 됩니다. 가영이는 4세트와 5세트에 10점을 쏜 경우가 없고, 지혜는 5세트에서도 10점을 2번 쏘았기 때문에 지혜가 이길 수 있을 것 같습니다.

1 (1) 101, 101   (2) 1000, 1000
    (3) 1101, 1101

1 10   **2** 100

3 110

4 예 1045에서 시작하여 ／ 방향으로 90씩 커집니다.

5

609	619	629	639
509	519	529	539
409	419	429	439
309	319	329	339
209	219	229	239

6 C6   **7** D3

8 1206, 1512

5 오른쪽으로 10씩 커지고, 아래쪽으로 100씩 작아지는 규칙입니다.

6 세로로 보면 A6에서 시작하여 알파벳이 순서대로 바뀌고 숫자 6은 그대로이므로 ▦는 C6입니다.

7 가로로 보면 D1에서 시작하여 알파벳은 그대로이고 숫자만 1씩 커지므로 ▲는 D3입니다.

8 오른쪽으로 102씩 커지는 규칙입니다.

1 (1) 2, 2   (2) 80
    (3) 320

1 4   **2** 30, 40

3 119

4 예 11에서 시작하여 ＼ 방향으로 14, 24, 34, 44씩 커집니다.

5 (1) 300, 400   (2) 1745

6 (1) 4   (2) 256

7 2

3 오른쪽으로 갈수록 4씩 커지는 규칙이 있으므로 ▦에 들어갈 수는 $115+4=119$입니다.

5 (2) $245 - 345 - 545 - 845 - 1245 - 1745$
    $+100 \quad +200 \quad +300 \quad +400 \quad +500$

6 (2) $1 - 4 - 16 - 64 - 256$
    $\times 4 \quad \times 4 \quad \times 4 \quad \times 4$

7 (앞의 수)$\div 2 =$(뒤의 수)

1 (1) 2   (2) 5

2 2, 3, 6 / 2, 6 / 3, 6

1 (1) 8은 $6+2$로 나타낼 수 있습니다.
    (2) 8은 $3+5$로 나타낼 수 있습니다.

2 딸기는 6개씩 2묶음, 4개씩 3묶음, 2개씩 6묶음으로 나타낼 수 있습니다.

$$6 \times 2 = 2 \times 6 \qquad 4 \times 3 = 2 \times 6$$

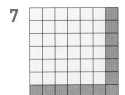

2 단계 핵심 쏙쏙   **173쪽**

1 7   **2** 3, 1
3 4   **4** (1) 26   (2) 16
5 (1) 6   (2) 32
6 3, 4, 5, 6

1 단계 개념 탄탄   **174쪽**

1 (위에서부터) 10, 4, 3, 4

2 단계 핵심 쏙쏙   **175쪽**

1 2개   **2**
3 9개
4 25개
5 예 왼쪽과 위쪽으로 각각 1개씩 늘어납니다.
6 예 가로, 세로가 각각 1개, 2개, 3개, 4개인 정사각형 모양이 됩니다.
7

3 1개   3개   5개   7개   9개
     2개   2개   2개   2개

4 $1+3+5+7+9=25$(개)

1 단계 개념 탄탄   **176쪽**

1 (1) 예 1부터 연속적인 홀수의 합은 홀수의 개수를 두 번 곱한 것과 같습니다.
    (2) $1+3+5+7+9=25$

2 단계 핵심 쏙쏙   **177쪽**

1 ㉡   **2** ㉢
3 ㉠
4 $6000+37000=43000$
5 $2900-1500=1400$
6 400, 600, 1300 /
    예 더하는 두 수가 각각 100씩 커지면 그 합은 200씩 커집니다.

1 단계 개념 탄탄   **178쪽**

1 (1) 예 곱해지는 수가 2배, 3배씩 커지면 곱도 2배, 3배씩 커집니다.
    (2) $700\times12=8400$

1 (2) $175\times4=700$, $2100\times4=8400$이므로 넷째 빈칸에 알맞은 곱셈식은 $700\times12=8400$입니다.

2 단계 핵심 쏙쏙   **179쪽**

1 ㉠   **2** ㉣
3 ㉢
4 $8\times100006=800048$
5 $444444\div28=15873$
6 33, 101, 5555 /
    예 곱하는 수가 2배, 3배, 4배, 5배씩 커지면 곱도 2배, 3배, 4배, 5배씩 커집니다.

1 단계 개념 탄탄   **180쪽**

1 (1) 108, 107, 109, 104, 108
    (2) 3, 3, 106, 108, 3

2단계 핵심 쏙쏙
181쪽

1 6, 6, 6, 6   **2** 24, 26

3 3, 3, 23, 30   **4** 24, 24, 24, 24

5 281, 279, 271, 271

6 3, 3, 269, 271

3단계 유형 콕콕
182~187쪽

1-1   4104   **1**-2   5404

1-3   예 2004에서 시작하여 ↘ 방향으로 1100씩 커집니다.

1-4

1001	1102	1203	1304	1405
2012	2113	2214	2315	2416
3023	3124	3225	3326	3427
4034	4135	4236	4337	4438
5045	5146	5247	5348	5449

1-5   24   **1**-6   54

1-7

A8	A9	A10	A11	A12	A13
B8	B9	B10	B11	B12	B13
C8	C9	C10	C11	C12	C13
D8	D9	D10	D11	D12	D13
E8	E9	E10	E11	E12	E13

2-1   81, 243   **2**-2   1000

2-3   2400

3-1   7, 예 $5+28=7+26$

3-2   (1) 예 $14+22=36$

     (2) 예 $40-4=36$

     (3) 예 $4×9=36$

4-1   3개

4-2

4-3   16개

4-4   예 모양의 개수가 1개에서 시작하여 2개, 3개, 4개씩 점점 늘어나는 규칙입니다.

4-5   예 모양의 개수가 3개에서 시작하여 3개, 4개, 5개씩 점점 늘어나는 규칙입니다.

4-6

5-1   (1) 예 백의 자리 숫자가 각각 1씩 커지는 두 수의 합은 200씩 커집니다.

     (2) $457+515=972$

5-2   (1) 예 같은 자리의 수가 똑같이 커지는 두 수의 차는 항상 일정합니다.

     (2) $975-840=135$

5-3 $11000+7000=18000$

5-4 $9750-2250=7500$

5-5   (1) $400+700-600=500$

     (2) $500+800-700=600$

6-1 $640×5=3200$

6-2   (1) 예 나뉠 수가 2배, 3배, ...씩 커지면 몫도 2배, 3배, ...씩 커집니다.

     (2) $512÷16=32$

6-3 $1111×1111=1234321$

6-4 $777777÷111=7007$

6-5   (1) $3333×3+1=10000$

     (2) $33333×3+1=100000$

7-1   5, 7, 9, 5, 7, 9   **7**-2   7, 9, 11, 7, 9, 11

7-3 $283+304=286+301$

     $286+307=289+304$

7-4   3, 3, 298, 295, 3

7-5   예 $64÷4÷4÷4=1$

     $256÷4÷4÷4÷4=1$

1-1   오른쪽으로 100씩 커지는 규칙이 있으므로 ▨에 들어갈 수는 4104입니다.

1-2   아래쪽으로 1000씩 커지는 규칙이 있으므로 △에 들어갈 수는 5404입니다.

1-4 오른쪽으로 101씩 커지고, 아래쪽으로 1011씩 커지는 규칙입니다.

1-5 가로줄의 규칙: 2씩 곱해진 수가 오른쪽에 있습니다.

1-6 세로줄의 규칙: 3씩 곱해진 수가 아래쪽에 있습니다.

1-7 가로줄에서 알파벳은 변하지 않고 숫자가 1씩 커집니다. 세로줄에서 숫자는 변하지 않고 알파벳이 순서대로 바뀝니다.

2-1 1부터 시작하여 3씩 곱해진 수가 오른쪽에 있습니다.

2-2 오른쪽으로 200씩 커지는 규칙이 있으므로 ▨에 들어갈 수는 1000입니다.

2-3 오른쪽으로 200씩 커지는 규칙이 있으므로 ▲에 들어갈 수는 2400입니다.

3-1 바둑알의 수를 비교하여 등호를 사용한 식으로 나타냅니다.

3-2 36을 덧셈식, 뺄셈식, 곱셈식으로 다양하게 나타낼 수 있습니다.

4-3 4개 　7개　 10개　 13개　 16개
　　　　 3개　 3개　 3개　 3개

5-5 ⑵ 계산 결과는 100씩 커지는 규칙이 있으므로 결과가 600이 나오는 계산식은 다섯째입니다.
➡ 계산식을 써 보면 $500+800-700=600$입니다.

6-5 ⑵ 계산 결과가 100000이 나오는 계산식은 다섯째입니다.
➡ 계산식을 써 보면 $33333×3+1=100000$입니다.

4단계　**실력 팍팍**　　　　　　　　**188~191쪽**

1 1800

2

	2367	2377	2387	2397
	3367	3377	3387	3397
	4367	4377	4387	4397
	5367	5377	5387	5397

3 1357

4 예 • 오른쪽으로 150씩 커집니다.
　　 • 아래쪽으로 1200씩 커집니다.
　　 • ↘ 방향으로 1350씩 커집니다.

5

×	5	6	7	8
200	1000	1200	1400	1600
400	2000	2400	2800	3200
600	3000	3600	4200	4800
800	4000	4800	5600	6400

6 ⑴ 3158, 3658　　　　⑵ 5590, 5540

7 30, 4

8 8, 2

9 예 • 두 수의 덧셈 결과에서 일의 자리 숫자를 쓴 규칙입니다.
　　 • ↗ 방향에는 모두 같은 숫자가 있습니다.

10 13개

11 예 ● 표시된 정사각형을 중심으로 4개부터 시작하여 시계 방향으로 2개씩 늘어나는 규칙입니다.

12

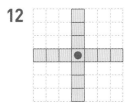

13 예 위에 있는 두 작은 사각형 수의 합이 아래에 있는 작은 사각형의 수가 되는 규칙에 따라 놓은 것입니다.

14 예 1100, 1300, 1500과 같이 200씩 커지는 수에 500, 700, 900과 같이 200씩 커지는 수를 더하고, 300, 500, 700과 같이 200씩 커지는 수를 빼면 결과는 200씩 커집니다.

6. 규칙 찾기 ◆ **49**

15 $1700+1100-900=1900$

16 (예) • 6, 66, 666, 6666과 같이 자리 수가 하나씩 늘어난 수에 각각 6을 곱하고 4를 더하면 계산 결과는 40, 400, 4000, 40000과 같이 커집니다.
  • 계산 결과가 40부터 시작하여 단계가 올라갈수록 10배씩 됩니다.

17 $66666\times6+4=400000$

18 (예) $9990\div270=37$ / $8880\div240=37$
  $7770\div210=37$ / $6660\div180=37$

19 56　　　　　**20** 8888888808

21 9876 / 987654321

22 12345679 / 81 / 12345679

23 21

24 (예) $7+4=8+3$ / $8+5=9+4$
  $9+6=10+5$
  (예) $7-3=4, 8-4=4, 9-5=4, 10-6=4$

1 ㉠에 들어갈 수는 6550이고 ㉡에 들어갈 수는 4750입니다.
  ➡ $6550-4750=1800$

> **다른 풀이**
> ↘ 방향으로 900씩 작아지는 규칙이므로 ㉠과 ㉡에 들어갈 수들의 차는 $900+900=1800$입니다.

3 5397에서 시작하여 ↘ 방향으로 1010씩 작아지는 규칙이므로 2367보다 1010 작은 수를 찾으면 1357입니다.

6 (1) 2158에서 시작하여 오른쪽으로 100, 200, 300, ...씩 커집니다.
  (2) 5690에서 시작하여 오른쪽으로 10, 20, 30, ...씩 작아집니다.

7 차가 같으려면 빼는 수가 커진만큼 빼지는 수도 커져야 합니다.

8 두 수의 덧셈의 결과에서 일의 자리 숫자를 쓴 규칙이므로 ■에 들어갈 수는 8이고, ▲에 들어갈 수는 2입니다.

10 정사각형의 개수가 2개씩 늘어나는 규칙이므로 다섯째에 올 도형에서 정사각형의 개수는
  $11+2=13$(개)입니다.

17 계산 결과가 400000이 나오는 계산식은 다섯째입니다.
  ➡ 계산식을 써 보면 $66666\times6+4=400000$입니다.

19 $2+4+6+8+10+12+14=7\times8=56$

21 1, 12, 123, ...과 같이 자리 수가 하나씩 늘어난 수에 각각 8을 곱하고 1, 2, 3, ...과 같이 1씩 커지는 수를 더하면 9, 98, 987, ...과 같은 결과가 나옵니다.

22 나뉠 수가 2배, 3배, 4배, ...씩 커지고 나누는 수가 2배, 3배, 4배, ...씩 커지면 그 몫은 모두 똑같습니다.

23 □ 안에 있는 9개의 수의 합을 9로 나눈 몫은 한 가운데에 있는 수와 같으므로 21입니다.

서술 유형 익히기　192~193쪽

1 105, 105, 782, 105, 992 / 782, 992

1-1 풀이 참조, ㉠ 610, ㉡ 360

2 5, 5, 625 / 625

2-1 풀이 참조, 36

3 3, 3, 3, 13 / 13

3-1 풀이 참조, 17개

4 $50\times20=1000$ / 10, 200, 50, 1000

4-1 $1500\div3=500$ / 풀이 참조

1-1 수의 배열에서 규칙을 찾아보면 오른쪽으로 125씩 작아집니다.
따라서 ㉠에 알맞은 수는 735−125=610이고, ㉡에 알맞은 수는 485−125=360입니다.

2-1 수 배열의 규칙을 찾아보면 7776에서부터 시작하여 6으로 나눈 값을 다음에 쓰는 규칙이 있습니다.
따라서 ㉠에 알맞은 수는 216÷6=36입니다.

3-1 정사각형은 4개씩 늘어나는 규칙이 있습니다.
따라서 다섯째에 올 도형에서 정사각형은
1+4+4+4+4=17(개)입니다.

4-1 300, 600, 900, 1200과 같이 300씩 커지는 수를 3으로 나누면 계산 결과는 100씩 커집니다.
따라서 다섯째 빈칸에 알맞은 식은 1500÷3=500입니다.

단원 평가

194~197쪽

1 50 　　　　　**2** 250

3 예 1500에서 시작하여 ↘ 방향으로 300씩 커집니다.

4 2100

5 (1) 예

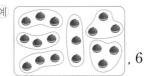
　, 6

(2) 예

　, 2, 9

6 100 　　　　　**7** 160, 480

8 8, 4

9 예 • 두 수의 덧셈 결과에서 일의 자리 숫자를 쓴 규칙입니다.
• ↗ 방향으로는 모두 같은 숫자가 있습니다.

10

11 9개

12 49개　　　　**13** 200, 600, 900

14 48000+500=48500

15 1234321÷1111=1111

16 5555×2+1=11111

17 55555×2+1=111111

18 예 100×15=1500 / 200×15=3000
300×15=4500 / 400×15=6000

19 126+129=127+128

20 3, 124, 126, 3

21 예 125÷5÷5÷5=1
625÷5÷5÷5÷5=1

22 풀이 참조, 1100

23 풀이 참조, ▢◯

24 풀이 참조, 600−500+300=400

25 풀이 참조

---

4 100부터 시작하여 오른쪽으로 200, 400, 600, … 씩 커집니다.

5 (1) 밤 18개를 3개씩 묶으면 6묶음입니다.
➡ 18=3×6
(2) 딸기 18개를 2개씩 묶으면 9묶음입니다.
➡ 18=2×9

6 800에서부터 시작하여 2로 나눈 수를 다음에 쓰는 규칙이 있습니다.

7 가로줄: 2씩 곱해진 수가 오른쪽에 있습니다.
세로줄: 처음 수의 2배, 3배, 4배, …의 수입니다.

8 두 수의 덧셈 결과에서 일의 자리 숫자를 쓴 규칙이 므로 ▢에 들어갈 수는 8이고, △에 들어갈 수는 4 입니다.

10 사각형의 개수가 2개씩 늘어나는 규칙입니다.

11 다섯째에 올 도형에서 사각형은
$1+2+2+2+2=9$(개)입니다.

12 첫째   둘째   셋째   …   일곱째
1×1 2×2 3×3 … 7×7
➡ 일곱째에 올 도형에서 가장 작은 사각형은
$7\times7=49$(개)입니다.

13 더해지는 수가 100씩 작아지고, 더하는 수가 100씩
커지면 계산 결과는 같습니다.

17 계산 결과가 111111이 나오는 계산식은 다섯째입
니다.
따라서 계산식을 써 보면
$55555\times2+1=111111$입니다.

서술형

22 예 수의 배열에서 규칙을 찾아보면 ↘ 방향으로
1100씩 커집니다. 따라서 ㉠과 ㉡에 들어갈 수들
의 차는 1100입니다.

23 예 도형의 배열에서 규칙을 찾아보면 ●표시된 사각
형을 중심으로 시계 방향으로 90°씩 돌리기 한 것
입니다.
따라서 여덟째에 올 도형은 ▨◎ 입니다.

24 예 900, 800, 700과 같이 100씩 작아지는 수에서
800, 700, 600과 같이 100씩 작아지는 수를 빼
고, 600, 500, 400과 같이 100씩 작아지는 수를
더하면 계산 결과는 100씩 작아집니다. 따라서
넷째 빈칸에 알맞은 계산식은
$600-500+300=400$입니다.

25 예 $3+4+5=4\times3$, $10+11+12=11\times3$,
$17+18+19=18\times3$, …
연속된 세 수의 합은 가운데 있는 수의 3배와 같
습니다.

🔗 탐구 수학   198쪽

1 △, 15

2 예 양 끝 수는 1이고 바로 윗줄의 양쪽에 있는 수
를 더해서 아래 가운데 ○ 안에 쓰는 규칙입
니다.

1 규칙을 찾아보면 맨 아래 줄의 그림이 한 줄씩 늘어
나는데 그 수가 2, 3, 4, …씩 늘어납니다.

🏠 생활 속의 수학   199~200쪽

25개

정답과
풀이